Packaging Design

Successful Product Branding from Concept to Shelf

包装设计

成功品牌的塑造力

——从概念构思到货架展示

Marianne Rosner Klimchuk
[美] 玛丽安 · 罗斯奈 · 克里姆切克
Sandra A. Krasovec
[美] 桑德拉 · A.科拉索维克
——————————— 著
胡继俊 ——————— 译

上海人民美術出版社

图书在编辑目(CIP)数据

包装设计：成功品牌的塑造力：从概念构思到货架展示/（美）玛丽安·罗斯奈·克里姆切克，（美）桑德拉·A.科拉索维克编著；胡继俊译.—上海：上海人民美术出版社，2021.6
（设计新经典.国际艺术与设计学院名师精品课）
书名原文：Packaging Design: Successful Product Branding from Concept to Shelf
ISBN 978-7-5586-2059-1

Ⅰ.①包… Ⅱ.①玛… ②桑… ③胡… Ⅲ.①包装设计 Ⅳ.①TB482

中国版本图书馆CIP数据核字（2021）第078056号

设计新经典·国际艺术与设计学院名师精品课

包装设计：成功品牌的塑造力
——从概念构思到货架展示

著　　者：[美]玛丽安·罗斯奈·克里姆切克
　　　　　[美]桑德拉·A. 科拉索维克
译　　者：胡继俊
统　　筹：姚宏翔
责任编辑：丁　雯
流程编辑：李佳娟
封面设计：棱角视觉
版式设计：胡思颖
技术编辑：史　湧
出版发行：上海人民美術出版社
　　　　　（上海长乐路672弄33号 邮编：200040）
印　　刷：上海丽佳制版印刷有限公司
开　　本：889×1194　1/16　印张15.5
版　　次：2021年6月第1版
印　　次：2021年6月第1次
书　　号：ISBN 978-7-5586-2059-1
定　　价：198.00元

目录

前言

《包装设计：成功品牌的塑造力——从概念构思到货架展示》（*Packaging Design: Successful Product Branding from Concept to Shelf*）的主旨是为包装与平面设计、市场营销与传播、广告、会展与陈列设计、产品开发、制造加工、工业设计与工程等相关学科领域的研究提供参考。营销商、设计师、研究员、产品开发人员、制造商、印刷商及其他从事消费品品牌建设相关的工作者都将发现本书的宝贵价值。大部分消费者无法想象他们所购买的商品的产品开发及包装设计的复杂性，通过阅读本书，他们将对无论是处在街角商店，还是位于高档商场中的产品“从概念构思到货架展示”的开发过程有所了解。

本书对开发包装设计的工作方法进行了详细的介绍，并一步一步揭示出包装设计是如何成为帮助消费型产品畅销的重要工具。通过本书开始部分对包装设计历史的简要回顾，读者会对当今的商业包装设计有一番更为全面的认识。其余各个章节分别对主要影响包装设计的视觉元素、设计原则、从概念构思到成品生产的全过程、市场营销策略、环境保护、法律法规及全球经济因素等进行了详尽的解释。可以说，消费品的成功取决于其包装设计。读者将在本书中看到近300幅图例，内容涉及：字体与版式的研究、概念构思草图的演示、设计开发过程的呈现、产品主要展示面的设计、包装再设计作品的解析以及成功个案的详细分析。书中还收录了包装设计行业中各类从业人员的不同角色介绍、趣闻轶事、设计小贴士、职业建议以及反映一线从业人员实际工作写照的访谈内容。

本书的两位作者均是美国纽约州立大学时装学院(FIT)的全职教师，该学院也是美国唯一一所颁授包装设计专业美术学士学位(BFA)的机构。她们两人均是双师型专家，各自拥有三十年以上学术研究结合设计实践的工作经验。她们的设计思维、业务专长使她们成为了设计实践的合作伙伴。凭借在包装设计领域的丰富经验及与全球业内人士的广泛接触，本书作者将通过一个综合的视角令读者们更为全面地认识包装设计。

鸣谢

感谢为本书提供帮助的业界同仁们，他们所付出的精力和热忱激励着我们完成了本书的创作。我们的每一个请求都得到了这些专家们的慷慨回应，并为我们提供了如此鼓舞人心的设计杰作。也正是这些专业人士及他们所代表的公司和机构，使得包装设计从概念构思成功落实到了货架上。

这些专业人士提供给我们的各类包装设计项目及案例，丰富且有趣。我们希望您在阅读这些内容时，能体会到他们在创造成功包装设计过程中所付出的巨大努力。大家可以从中看出，将人们的创新观念、远见卓识、生产力和领导力与可持续发展共同结合在一起并不简单。这些杰出的包装设计创意的实践成果美观、有效、制作精良且具有社会责任感，使得我们对自己的职业引以为豪。所以，我们感谢提供这些设计杰作的公司及设计同行们，你们的智慧才华和慷慨相助不断激励着我们。

二十二年前，我们在一家设计公司相遇。当时我们共用一个办公室，那是一个从地板到天花板都装满了包装设计的地方，算算从那时起至今已有十六年了。在我们成为教育工作者和顾问的时候，我们已经与包装设计建立了特殊的纽带。我们对包装设计有着持续的热情，这很大程度上归功于我们的学生。正是他们对这个职业的渴望和热情，他们的创造性思维，他们的无限活力，以及他们彼此间和对我们的支持促使我们不断前进。这些校友和无数的业界同仁们用他们对设计全身心的投入和热忱激励着我们。

同时，感谢学术同仁们的支持，他们都是设计界当之无愧的杰出人士：其中包括坎迪斯·阿伦森（Candace Allenson）、克里夫·巴克纳（Cliff Bachner）、布莱恩·哈特（Brian Hart）、苏珊·休伊特（Susan Hewitt）、玛丽莲·约翰逊（Marilyn Johnson）、琼·尼科西亚（Joan Nicosia）、戴安·谢里丹（Diane Sheridan）、亚当·施特劳斯（Adam Straus）、大卫·瓦格纳（David Wagner）、芭芭拉·温茨（Barbara Wentz）、乔治·怀本加（George Wyb-enga），等等。他们广博的知识和出色的教学方法对本书产生了深刻影响。感谢我们的设计公司Design Practicum合伙人凯伦·科雷尔（Karen Corell），以及我们的配偶加思·克利姆丘克（Garth Klimchuk）和斯蒂芬·伊普（Stephen Yip），他们在我们教学、演讲和写作时给予理解和分担。

特别感谢我们的家人和朋友们的关爱与支持、耐心与不懈鼓励。作为消费者，他们在购买商品时所展现出的敏锐眼光和洞察力，真实反映出了他们对包装设计的评价。

推荐语

胡继俊老师为我们的院校师生和职业设计师们推荐并翻译了《包装设计：成功品牌的塑造力——从概念构思到货架展示》一书。本书好在它既是一本包装专业级的教科全书，也是一本从事包装设计工作者的适时应务的工具书籍。我们又何谓评价一本专业的书籍呢？在阅读书中内容之余，我们还需要了解其作者的专业背景。撰写原著的作者分别是玛丽安·罗斯奈·克里姆切克和桑德拉·A.科拉索维克。我深知原委，作者均为美国院校包装设计专业的主任和教授，他们两位还经营着设计公司，系双桂联芳的合伙人。玛丽安和桑德拉均属设计理论和设计实践双叠加的实力派和双师型的专家，这两位作者无论从理论高度还是实践经验，均能兼顾到学术和行业之两头，双管齐下似乎尽到了完美，委实不易。此书分五大章节，带我们去了解包装启蒙和时代的变迁；包装定义和市场的销售；设计程序至项目的实施；品牌定位与品牌的进化；营销策略至方案的解决；等等，解析应有尽有的包装设计经典之案例。此书将是我们执教包装设计专业计出万全必备的教学用书，也是一本为我们从事包装设计整案全知全能的参考用书。

顾传熙

上海视觉艺术学院视觉德稻设计学院副院长、教授

上海市包装技术协会副会长兼包装设计委员会主任

被评选为影响上海的设计师、上海原创设计大师工作室领衔大师

结合在市场营销、设计与制造生产中的丰富合作经验，两位作者将写作思路与包装设计的创作过程融会贯通在一起。她们有着对专业性的精益求精、开放性的合作氛围、建设性的批判精神和彼此不断追求卓越的渴望，她们互相感染与扶持，正是这种态度使一切皆有可能。

——普里莫·安杰利（Primo Angeli），
《引人反应》（*Making People Respond*）作者

1 历史渊源

自古以来，人类生存离不开收集、储藏、运输和保存物品。本节通过对各种文明的演进、民族间的贸易发展、人类的各项发现与发明以及相关历史事件的追溯和探索，简明扼要地叙述了包装设计诞生与演变的过程。

早在石器时代，人们就开始利用各种天然材料，如草和纤维、树皮、树叶、贝壳、陶土和粗糙的玻璃来制作作为日常使用工具的容器。这些容器用于存放各类物品，如食物、饮品、衣服等（见图1.1）。考古学家在研究这些物体时发现，早期的经济依赖包装来分享和运输物品。随着各个地区的人类从游牧狩猎和采集过渡到定居的农业生产，人们对特定地区生产的货物产生了需求。这些货物的贸易是现代市场经济的先导（见图1.2）。

苏美尔人是历史上早期的定居民族，其历史可以追溯到五千多年前。苏美尔人发明了人类最早的象形文字—— 楔形文字，将一组图形符号固定下来形成最初的文字，一种新的视觉语言识别系统因此诞生。苏美尔人全年进行农业生产，过剩的粮食会被储存起来，他们用象形文字对这些储存食物进行标注来加以区分（见图1.3）。

图1.1
新石器时代的陶罐。

图1.2
象形壁画，埃及达卡（Ed Dakka）神庙内殿。
仔细观察内殿的壁画，我们可以通过图形直观地辨认出物品的视觉形象。

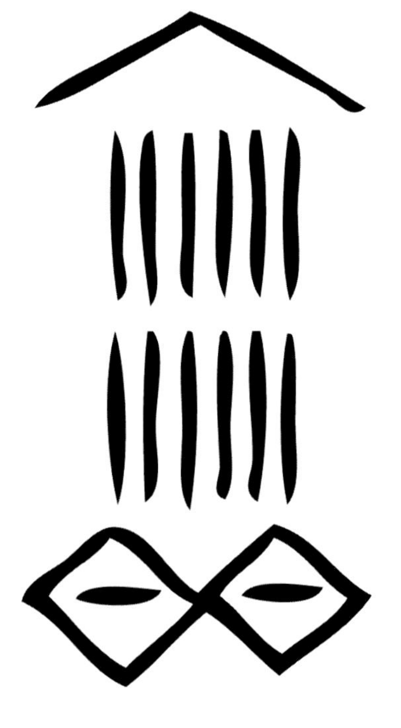

图1.3
小麦的象形文字。
苏美尔人的小麦符号是最早的使用图标进行视觉传达的案例。

图1.4
早期的字母形式。

腓尼基文明继承了苏美尔人的文字，并将其进一步发展，腓尼基人创造出单音节符号——字母，这成为西方文字进一步进化的基础。由此，苏美尔的象形文字演变成音节文字，奠定了之后两千年来多个文化所采纳的书写交流形式的基础。

早期的象征符号就是商标或品牌标志的雏形。这些早期的符号系统基于人们建立身份的需求，以三种方式发展形成，即自我身份（它是谁？）、所有权（谁拥有它？）和起源（谁制造了它？）。希腊人借鉴了腓尼基字母，并将其转化为富有美感的艺术形式。他们以几何学结构为基础，将这些字母规范为水平和竖直笔画的组合。这标志着字母设计的开始（见图1.4）。

由纸莎草（一种湿地植物）制成的卷轴、干燥处理后的芦苇和用特殊动物皮毛制成的羊皮纸是最早的便携式书写材料。世界上最早的纸张诞生于公元105年左右汉朝“汉和帝”执政时期的中国。研究人员发现，在西汉时期，中国人就不仅将纸张用于文字书写，而且还把它用作墙纸、卫生纸、餐巾纸和用于包装的包裹材料。在其后的1500年间，中国的造纸工艺不断演化发展，先传到中东，随后再传遍欧洲各地。

贸易的兴起

当人们的足迹遍布世界的时候，货物运输距离愈发遥远，因此需要船只来运载。

某些特定商品由于贸易的需要会被买卖到很远的地方，如香水、香料、酒、贵金属和纺织品，以及之后的咖啡和茶。商人、游牧民族和士兵在连接欧洲和亚洲的早期洲际贸易路线上交易此类商品，由此建立了举世闻名的丝绸之路。当时的人们沿着欧洲和中东之间的路线进行贸易。在这过程中产生了对各种商品包装的需求，以便人们在贸易中盛放、保护、识别和区分产品。

用空葫芦和动物膀胱制成的包装容器是玻璃瓶的前身，动物皮和树叶制成的包装是纸袋和塑料保鲜膜的雏形。随着手工技艺的不断提高，能工巧匠们创造出陶瓷瓶、罐、壶等容器和其他装饰性容器用来存放熏香、香水、油膏、啤酒以及葡萄酒等物品（见图1.5）。

12、13世纪，商人阶级逐渐兴起，他们主要负责将产品从一个地区输送到另一个地区。因此，购买和销售商品，而非单一的生产农作物或其他必需品，成为一种新的谋生手段。

随着商人阶级的诞生，人们对本地以外的其他地区的产品产生了浓厚的兴趣，也开拓了远方的商品市场。

图1.5
包装纸。
包装纸是现代包装设计的先驱。本图中，日本演员岩井半四郎（Iwai Hanshiro VI）手持一碟米糕作为祭品，站在他脚边的小孩则手持着游戏纸盘。

新兴的传播渠道

在纸或羊皮纸上手工书写文稿的方式逐步被印刷术所替代。人们普遍认为印刷术起源于中国，中国发明的木质印版推动了泥活字版的发展。而在波希米亚（欧洲中部地区）开发的马口铁印刷术则将印刷术普及到了整个欧洲。大约1450年，约翰内斯·古腾堡（Johannes Gutenberg）发明了印刷机。这种印刷机利用可移动、可更换的木制或金属字版，融合了造纸、油基印墨和压榨式印刷等技术工艺用于书籍的印刷生产（见图1.6）。采用活动字版的印刷大大降低了印刷成本，同时也降低了印刷耗材的价格。因此普通百姓对印刷品的需求激增，这也导致了纸张需求的过量增长，从而引发了一场大众传播媒介的革命。

文艺复兴时期（从14世纪到17世纪），书籍设计的创新发展日新月异。与之相关的版式、插画、装饰、页面布局以及运用新纸张和其他新印刷材料的设计表现形式都在创新中蓬勃发展，从而使视觉传达有了长足的进步。

16世纪中叶，德国一家造纸厂的老板安德烈亚斯·伯恩哈特（Andreas Bernhart）成为第一批采用在产品外附包装纸上印上姓名（并印有装饰图案设计）的制造商。由此，伯恩哈特印制的包装纸成为了一种推销产品的手段。

户外公告牌和大幅印刷品被安置、张贴在建筑物的两侧，这就是广告的最初形式。广告快速地成为推销产品的工具，其中也经常出现产品包装设计的展示。19世纪初，早期的英国报纸出现了商贩们发布和推广他们产品的广告宣传，例如带有印刷标签的茶叶罐、药瓶和饰有图案的卷烟纸，等等。

包装设计随着市场机会而发展，包装设计所提供的视

图1.6
约翰内斯·古腾堡正在检查他的第一张清样。

觉体验成为了销售活动的关键因素。人们需要通过图形画面传达信息，于是各种设计领域也就应运而生，并与人们在日常生活中的各种物质需求融为一体。就本质而言，这种实体容器或包装与内含产品的信息宣传相结合的形式就是当今包装设计的基础。

早期的商业扩张

18世纪的欧洲经历了商业的迅猛扩张，城市发展突飞猛进，社会财富也从上流阶级流向工人阶级，分配变得更为广泛和均匀。各项技术的发展大大缩短了产品的生产周期，使之与日益增长的人口相适应。大规模的生产方式使得人们都能以更低的价格，更容易地获得商品，进而产生了今天我们称之为“大众营销”的概念。

18世纪40年代，作为英国殖民地的美国人口数量极少，大部分消费品（当时被视为奢侈品）都从英国、法国、荷兰和德国进口。1750年时，在美国的欧洲移民只有100万人，到了1810年，这个人口数字扩张到了600万人。尽管如此，由于大部分的居民都不识字，所以商人们也就很少会把他们的商品名称和生产地址印在包装上。在英国的900万人口中，只有8万人会读书识字。因此早期的包装设计显然是为那些受过教育、富有的上流社会的消费者服务的。

人数日益增长的中产阶级对于卫生尤为关注，于是他们的家中出现了两个具备新功能的独立空间：厕所和浴室。随着不断满足消费者需求的产品增多，带有包装设计的各类产品，例如洗漱用品、瓶装啤酒、解毒剂、鼻烟壶、罐装或瓶装的水果、芥末、别针、烟叶、茶叶和粉末产品等，其外包装都开始具有识别生产商身份和宣传产品用途的功能（见图1.7、图1.8、图1.9）。

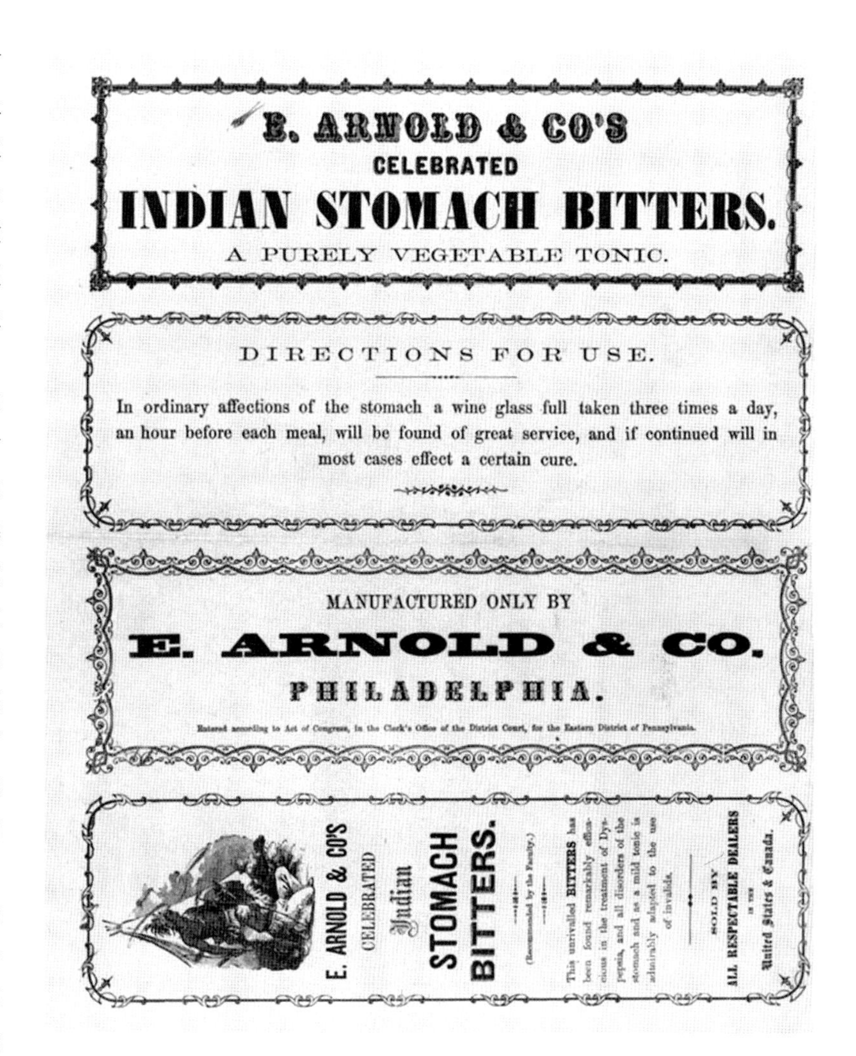

图1.7
E. Arnold & Co.公司的著名产品——印度健胃药的标签，约1850年。

图1.8
美国冠军（Champion American）肥皂粉标签，约1887年。

为了吸引富裕的消费者，在这个时期，纹章、皇冠、盾牌成为包装设计中经常出现的图形元素。这些符号精美细致，象征着生产该产品的家族或用于标注和区分产品的原产地。标签上还常常绘制有强大的动物图像，如狮子、独角兽和龙。在古代，纹章装饰的盾牌或盔甲，是战场上战士用作区分敌我的手段，而现今他们用于不同形式的商品竞争。这些纹样在包装设计上的使用，尤其是作为啤酒和烈酒标贴的使用，在视觉上传递了贵族阶级、社会地位、影响力、等级、原产地、可信度等信息（见图1.10、图1.11）。

SANDS'S
SARSAPARILLA
FOR
PURIFYING THE BLOOD
REINVIGORATING THE SYSTEM,
GENERAL
THE RADICAL AND
PERMANENT CURE
OF DISEASES HAVING THEIR ORIGIN IN
AN UNHEALTHY OR DEPRAVED STATE OF THE
(VITAL) (FLUIDS)
And general habit of the System, viz:
Scrofula or Kings Evil; Swelling of the Glands; Diseases of the Bones, Joints and Ligaments; Rheumatism; Obstinate cutaneous eruptions; Salt Rheum or Tetter; Ring worm; Scald-head; Pimples and Pustules on the Face; Blotches; Biles; Chronic sore Eyes; Sciatica & Lumbago; Hip Diseases; Fever Sores; White Swelling; Stubborn Ulcers; secondary syphilitic symptoms & Ascites or Dropsy. This Sarsaparilla has been found highly beneficial in the removal of Chronic constitutional disorders, affections of the Liver, Female obstructions, Dyspepsia or Indigestion and all Diseases arising from an injudicious use of Mercury. The complexion is greatly improved by its use. As a Spring and Fall Purifier, it stands unrivalled. It is highly concentrated, one bottle being sufficient to make four of ordinary strength, and the Patient can dilute agreeably to directions for use, on the inside label of each bottle.
PREPARED & SOLD BY
Abraham B. Sands & Co. Chemists and Druggists,
GRANITE BUILDINGS, 273 BROADWAY
CORNER OF CHAMBERS ST
NEW-YORK
NONE GENUINE UNLESS SIGNED
A. B. Sands & Co.

图1.9
金沙菝葜药酒（Sands's Sarsaparilla）标签，约1840年。

平版印刷技术发展之前，每张标签或包装纸都是通过手工木制印刷机在手工纸上印制的。到了19世纪中叶，多色设计可以被大量复制。受当代艺术启发的壁纸印刷技术，影响了当时标签、纸盒和罐头的设计表现形式（图1.12）。

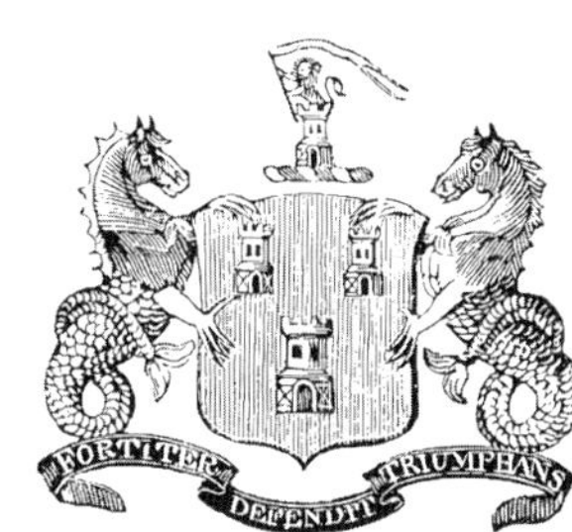

图1.10
纹章。

图1.11
阿什伯顿（Ashburton）酱料标签，大约1843年。

STUDIIS ET REBUS HONESTIS

ASHBURTON SAUCE

MADE & PREPARED FROM

The Finest & most Digestible

INDIAN AROMATIC CONDIMENTS

BY

OSBORN & TONE

16 Cortland St. New York.

This Sauce is highly Recommended, for all Sorts

OF SOUP, GAME, MEAT, POULTRY, WILD FOWL, FISH, &c.

For directions for use read the other Label.

DIRECTIONS FOR USING THE

Ashburton Sauce.

FIRST WELL SHAKE THE BOTTLE,

For every kind of BOILED & FRIED FISH, to every tureen of well thickened drawn Butter, add a table Spoonful and a half of the Sauce, and well mix together. For JOINTS, STEAKS, CUT-LETS, &c to be added to the Gravy in the plate, according to each Persons taste. For WILD FOWL, GAME, &c. add two table spoonsful to each tureen of Beef gravy. For SOUPS, add one table spoonful to each pint. For all CURRIES, three table Spoonsful to every pound.

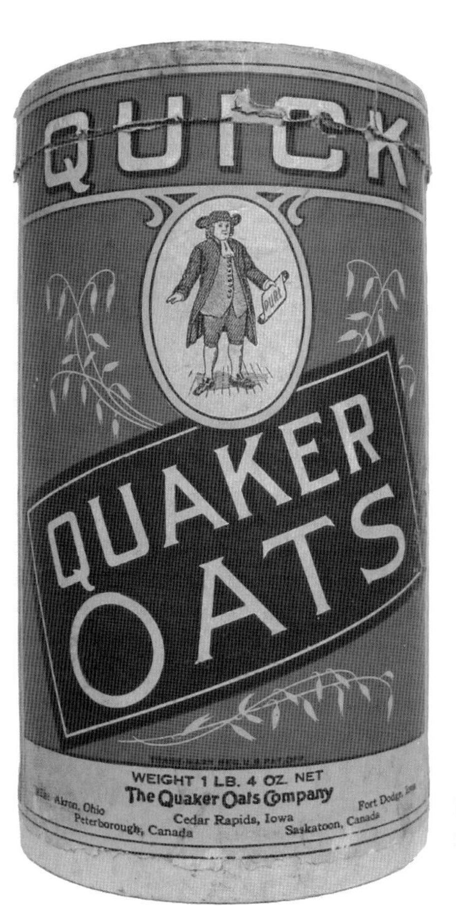

图1.12
桂格（Quaker）燕麦纸罐。

图1.13
亨氏（Heinz）“57种产品”的广告。

具有商标的产品应运而生，品牌力求通过传播此类信息的广告来吸引大众，并在全球闻名。产品的包装设计被绘制到了报纸广告、商品目录、标牌或海报中。这种画报形式的广告增长对包装设计产生了重大影响（见图1.13）。

早在19世纪中叶，制造商就采用了“品牌”这个词，它源自农场主使用烧红的烙铁在家畜身上烙下的独特印记，以便证明这些牲畜是他们拥有的合法财产（见图1.14）。这种通过视觉符号表明所有权的做法逐渐成为商家和制造商保证其商品质量的承诺方式，“品牌”符号或名称也成为消费者追溯产品来源的依据。此外，品牌还为生产商们的产品专属卖点提供保护，这也同时成为增强消费者视觉记忆的一种手段。

图1.14
为家畜烙印。

在纽约波基普西，史密斯兄弟率先为他们享誉世界的润喉糖获得了官方认可的品牌和商标（trademark）。19世纪中叶，这种润喉糖起初是被装在大玻璃罐里销售的，因此它们需要与那些以同样方式销售的糖果区分开来。于是兄弟二人决定把自己的照片印制在小型包装纸上，然后将其制成纸包提供给店主，以便将这些润喉糖小份额地配送给顾客。具体设计就是威廉的头像下面写着“trade”和安德鲁头像下面写着“mark”，在这种预先印制的纸包的帮助下，他们的产品获得了成功。兄弟二人这种利用包装形式来标记品牌产品的想法是颇具革新性的。尽管后来的包装形式从纸包改进成了折叠纸盒，但是他们始终保留着这一商标图案（见图1.15、图1.16）。

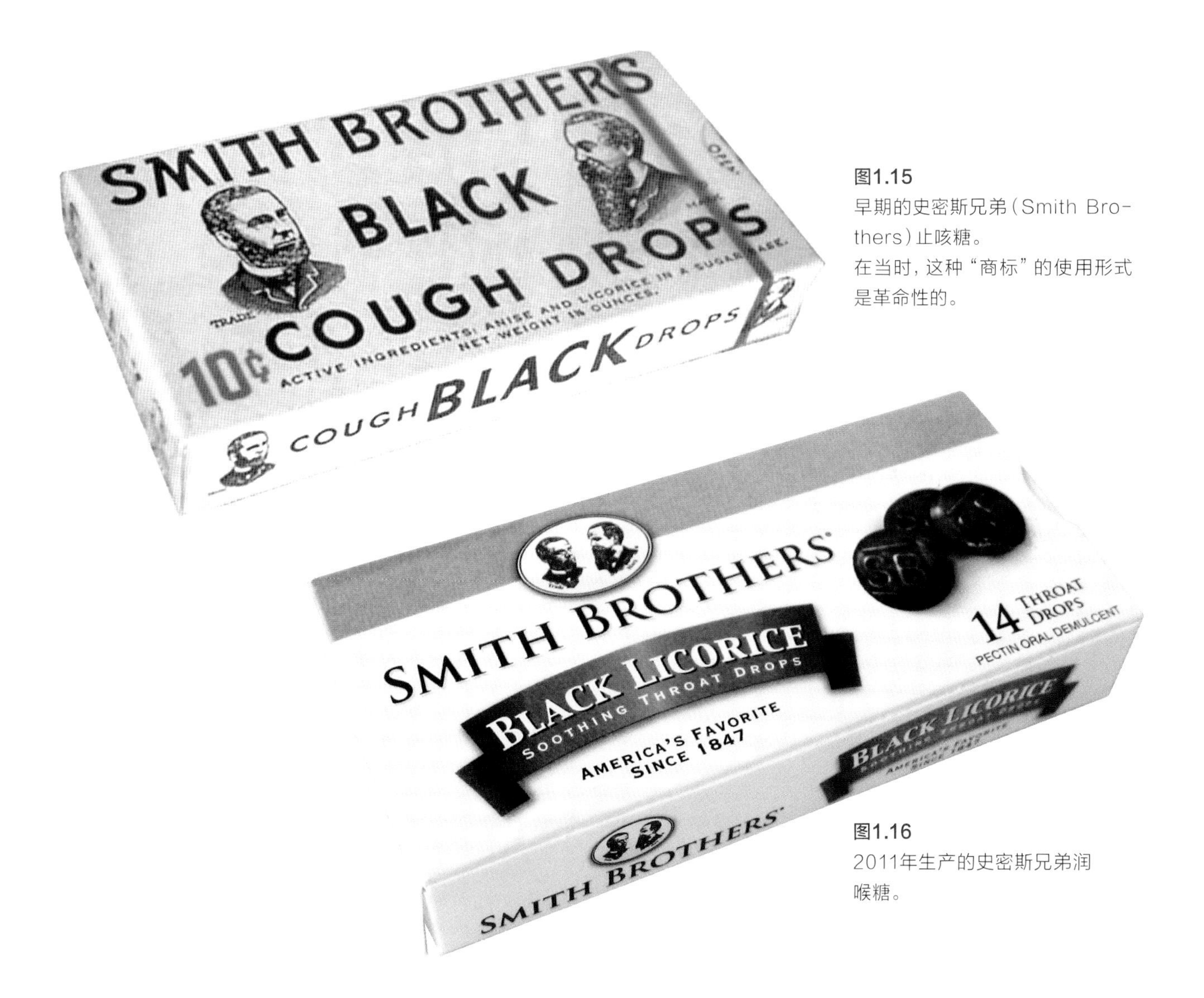

图1.15

早期的史密斯兄弟（Smith Brothers）止咳糖。

在当时，这种“商标”的使用形式是革命性的。

图1.16

2011年生产的史密斯兄弟润喉糖。

工业革命

19世纪中叶，随着工业革命影响到了整个欧洲，欧洲社会人口开始大规模地从乡村迁移到城市。工作的性质、成长中的消费型经济模式、社会中妇女所扮演的角色，甚至家庭的人口多少及其本质属性都发生了巨大的转变。在那时，大多数消费品基本上还都是向所谓的“富有主顾”或上流社会的顾客们提供服务的奢侈品。各种新机器和新技术的出现使得社会大众也开始享受到各式新产品和新服务。随着铁路和蒸汽船的发展，货物的长途运输变得更为便捷，制造商们开始拓展国内和国际贸易。包装设计也因为商品在国内和国际领域的分销而发展起来。

19世纪末，三项重要的创新事项几乎同时出现：

1. 平版印刷技术的商业发展。
2. 造纸机的改进发明。
3. 美国包装行业的发展。

1798年，阿罗斯·塞尼菲尔德（Alois Senefelder）发明的平版印刷术是包装设计史上的重要里程碑。随着大规模的工业生产的普及，平版印刷技术取得了进一步的发展。当时，从厚纸板箱、木质板条箱、瓶子到马口铁罐，各种包装上都需要用到纸质标签，运用平版印刷工艺印制的标签极大地推进了当时的包装技术。

1884年，由奥特马·默根特勒（Ottmar Mergenthaler）发明的莱诺铸排机（整行铸排机）被认为是印刷领域自400多年前活字印刷术被发明之后的最为重大的进展。作为世界上第一台实用性的机械化铸字设备，此机器能够从一行行字模中制造出整行的文本印版，使印刷行业发生了革命性的转变。每行字模都是一块金属（通常为黄铜），先将一个字母的印模镌刻或者压印到这块金属上，然后再通过机械方式将这个字母转印到一个制模器具上，从而制作出一行印版。印刷之后人们还可将这些金属块融化后再次铸字使用。

铸排机的排版速度比手工排版迅速得多，所需的雇员数量也更少。相比以往，选择这种印刷设备更为经济，其应用领域涵盖报纸、书籍、广告和包装，而且能为各种印刷品的创作提供新的自由空间，于是它成为了视觉传达领域中颇受欢迎的辅助设备。这项新技术催生出了能满足制造商定制服务的新业务。例如，一本1887年出版的平版印刷专家名录中收录了采用机器生产纸箱的先驱——罗伯特·盖尔（Robert Gair），以及印制彩色雪茄盒的乔治·哈里斯父子公司（George Harris & Sons）的名字。行业列表中采用了“标签制造商”“雪茄标签”和“医用标签”等名目（见图1.17）。

1798年，法国人尼古拉斯-路易斯·罗伯特（Nicholas-Louis Robert）发明了一种造纸机，从而开启了纸张的大规模工业化生产。这种机器的原理就是在一个环状传送带上制造纸张，人们因此不再需要耗时费力地使用单独模具来手工造纸了。他的发明使纸张的生产更加迅速高效，成本也更为低廉。这台机器于19世纪初期出口到美国。

紧随着造纸机，纸板制造机也被发明出来。自此，纸张的功能和用途从以往主要用于书写和绘图，拓展成为能折叠各种结构的纸板包装，纸张不再是狭义的包装纸了。

1839年，纸板包装开始商业化生产。在其后的10年间，适合各种产品的纸箱先后被生产出来。19世纪50年代，瓦楞纸作为一种更为耐用的包装辅助材料被发明出来，并适用于多种物件的同时运输。随着制造商之间的竞争升级，各种专门提高生产效率和降低制造成本的设备因此诞生。

1890年，美国布鲁克林的一位印刷商罗伯特·盖尔（Robert Gair）发明出大批量加工纸板箱的工艺方法。在一次印刷过程中，一根金属板尺因为发生移位而在纸板箱上形成了一个切口，于是在非常巧合的情况下，盖尔发现在生产操作中通过裁切和折叠的方法就能制作出预制纸板箱。

1900年左右，纸板箱开始取代手工制纸盒和木质板条箱被用于商业贸易，这也是我们如今所知的谷类食品包装盒的起源。在20世纪初期，美国和英国的纸盒制造和马口铁罐加工行业都取得了显著发展。随着商业贸易的不断扩张，机械设备不仅要能够制造出纸盒，而且还要能够称重、装备产品并进行密闭封口。

图1.17

Double Warp的平版印制雪茄盒标签，大约1869年。

1888年，通过平版印刷制作的雪茄标签甚至成了《纽约太阳报》（*New York Sun*）的话题之一，该报对此的评论是：“几年前人们还觉得在雪茄盒上贴什么式样的标签都行。当时这些标签的造价是每千盒10美元，而如今每千盒的平均造价为50美元。现在的标签往往比雪茄做得还要好。”[1]

1 亚历克·戴维斯（Alec Davis），《包装与印刷》（*Package and Print*），纽约，克拉克森·波特（Clarkson Potter）出版社，1967年，第27页。

批量生产

新的生产方式和销售模式随着新的包装材料一起改变了食品进入人们生活的方式。1899年，亨利·G.埃肯斯坦（Henry G. Eckstein）发明了蜡封包装，大大提高了产品的保鲜技术，从而使生产商们能在更广泛的地区范围内分销新鲜易腐商品。这些包装技术的进步使得人们在生活中更容易获取诸如面粉和肉类这类主食。包装技术的另一个重大发展是为消费者提供耐贮存食品的密封容器，它为消费者提供了稳定的货架食品。采用锡罐密封煮熟的食品，使以前的季节性食品成为可全年稳定供应的食品。

当时所有采用这些新发明的产品都通过其包装设计来进行宣传。生产商们的技术创新和产品改进，依托包装设计传递给消费者，这标志着包装设计开始具有传播功能（见图1.18至图1.22）。

美国政府当局针对管理自由市场体系和保护消费者时出现的问题，于1906年出台了《纯食品与药品法》（*Pure Food and Drug Act*），规定禁止商家们使用虚假或误导性的产品标签，这是第一批针对包装设计实施管理的法律规定。然而这一法案并没有要求商家们在包装上明确陈述产品配料成分、重量或容量，使得该法案在实际操作中难以实施。

鉴于偶然出现的低劣商品的销售现象，消费者在购物时变得更加谨慎，产品保护对消费者也越来越重要。诚信为本的商家们纷纷对自己的产品进行标注识别，一是为了维护消费者权益，二是为了建立其品牌的知名度。1910年，世界上第一家铝制品工厂在瑞士开业，随之出现的铝箔材料使得生产商们能够更高效地封存药品及其他易受空气污染的产品，例如烟草和巧克力。

图1.18
康乃馨（Carnation）炼乳。

图1.19
折盒机，大约1910年。
这台机器在当时是革命性的，每分钟可折叠、黏合、装配、称重和密封完成30个2磅（0.9千克）或5磅（2.25千克）的纸盒，全程只需要一名操作员。

图 1.20
服务员端着装有百威（Budweiser）啤酒的托盘，大约1908年。

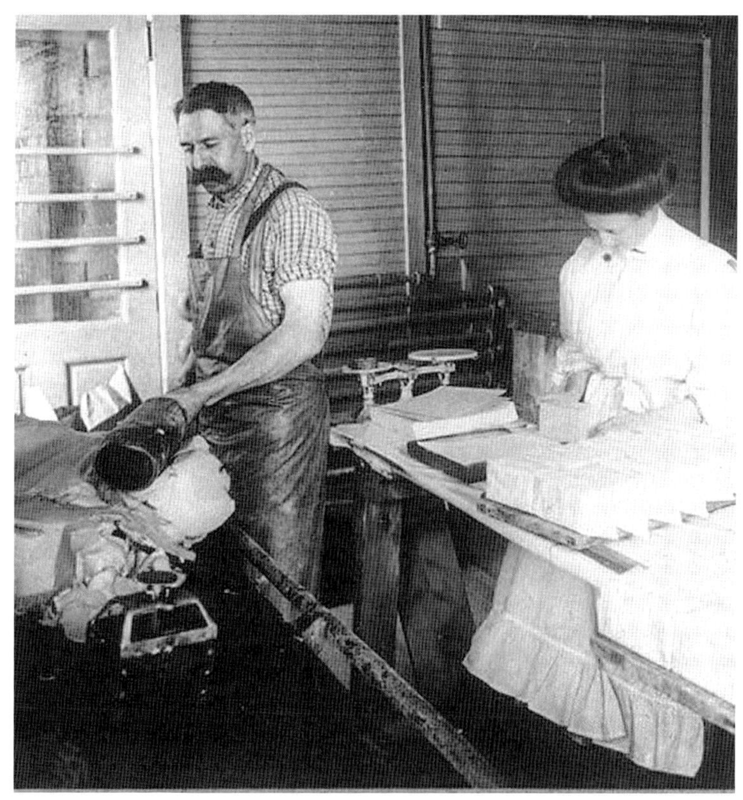

图1.21
食品店老板将黄油分装，包扎成1磅（0.45千克）一包，大约1910年。

图1.22
1914年4月，在《妇女家庭杂志》（*Ladies Home Journal*）刊登的采用Waxtite包装方式的家乐氏（Kellogg's）烤玉米片广告。Waxtite是一种热封蜡包装系统的商标名称。起初，蜡纸被包裹在家乐氏盛装片状谷类食品纸盒的外部，袋上印有品牌名称和产品信息。随后，这种包装方式被改良到了纸盒内部。当时，家乐氏公司借助纸盒包装来进行其谷类产品的营销推广，他们深刻意识到在包装设计中将包装结构和视觉元素完美结合起来，更能凸显出他们的品牌优势。

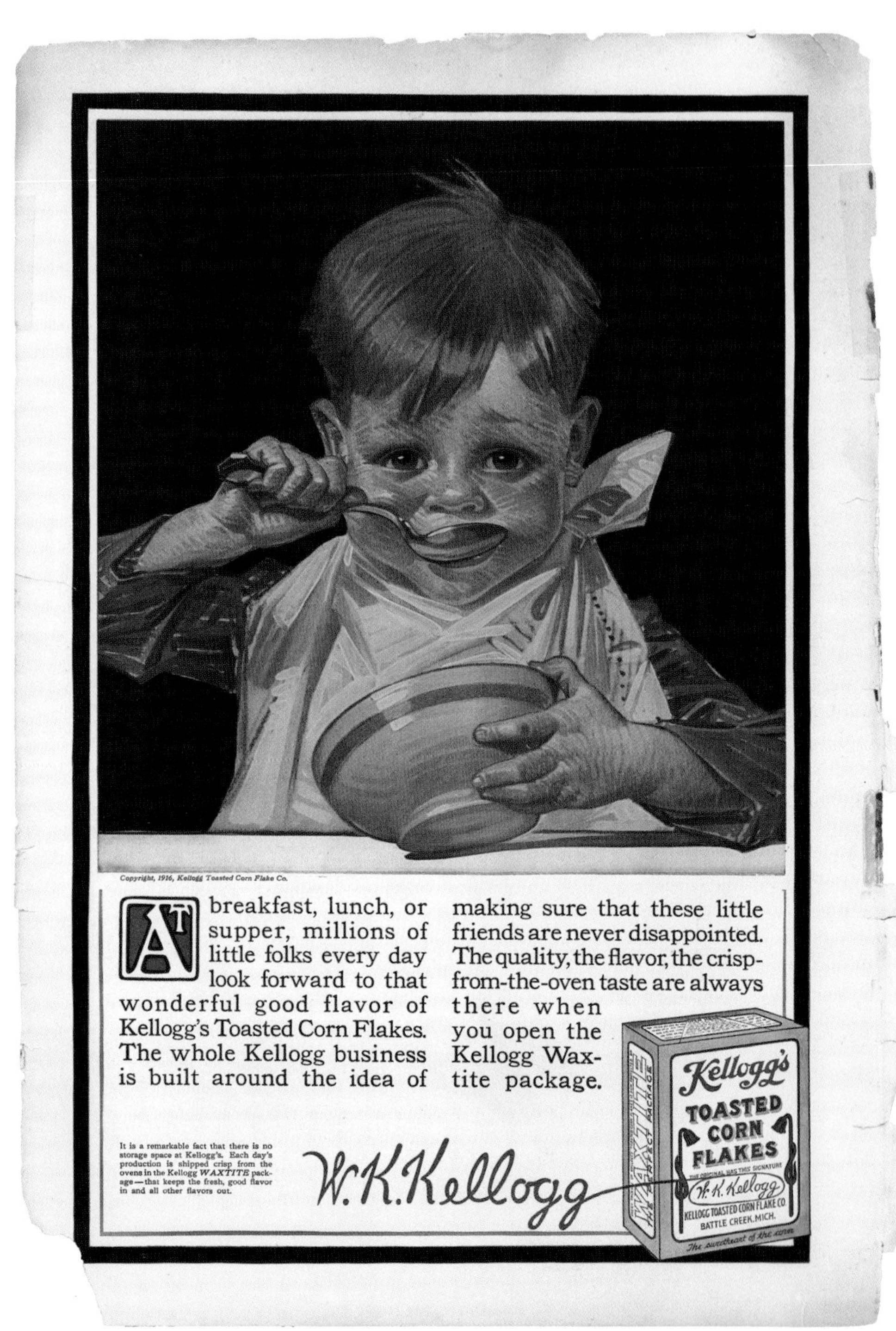

在1913年亨利·福特（Henry Ford）创立了装配流水线后，美国的大规模生产有了突飞猛进的发展，很快便影响到了食品行业。许多技术革新导致了包装工业的持续进步，扩大了消费者购买食品的选择，从而提高了人们的生活水平。日益增长的产品种类促进了人们对包装设计需求的不断升级。许多制造商纷纷在印刷标签设计中标示价格，这样消费者就可以看到他们并没有为包材的附加重量或销售员的附加费而买单。最早包含重量、价格和产品信息的标签出现在茶包上。

1913年，《纯食品和药品法》新增的《古尔德修正法案》（*Gould Amendment*）规定，生产商必须在产品的包装上标注包装物的净含量，不管是采用重量、数量，还是数值的方式。然而，当时的消费者购买产品大多都是根据产品的尺寸和形状来判断，没有留意重量说明的消费习惯，导致这一法案对消费者权益的保护作用甚微。这使得美国最高法院法官路易斯·D.布兰代斯（Louis D. Brandeis）使用了“货物出门，买者自负”一词，以强调买方购物时应自行判断商品的质量及用途，并自担消费风险。

20世纪早期，产品与包装材料及设计之间的相互依赖关系愈演愈烈。消费者心中已将产品和包装视为一体。没有了火柴盒，火柴销售也就无从谈起。干货通常会选择合适、经济且便于储存的方式装箱，罐装食品既可为顾客们提供安全的腌制食物，又带来购物的便利性（见图1.23至图1.31）。

1920年，冷冻食品之父克拉伦斯·伯兹艾（Clarence Birdseye）发明了一种可使新鲜食品快速冷冻的速冻系统。这种方式可令包裹在蜡纸盒中的食品安全稳定地保持其原有味道及色泽外观（通过冷冻保存食物的做法可以追溯到17世纪早期，但直至17世纪末期，才发生第一宗生产冷冻食品的生意）。

For The First Time *Anywhere!*

The most revolutionary idea in the history of food will be revealed in Springfield today

All These Birdseye Frosted Foods on sale—*now!*

MEATS
Porterhouse Steak
Sirloin Steak
Top Round Steak
Veal Cutlets
Pork Chops
Spring Lamb Chops
Veal Chops
Fresh Ham Roast
Pork Loin Roast
Spring Lamb Roast
Leg of Spring Lamb
Sirloin of Beef Roast
Rib Roast of Beef
Stewing Beef
Stewing Lamb
Sliced Ham
Pork Sausages
Boneless Pot Roast

VEGETABLES
June Peas
Spinach

FRUITS
Oregon Cherries
Loganberries
Red Raspberries

FISH
Fillets of Haddock
Fillets of Sole
Blue Point Oysters

Springfield's Progressive Grocers Endorse *Birdseye Frosted Foods*

BIRDS EYE FROSTED FOODS

图1.23
伯兹艾（Birds Eye）冷冻食品广告，大约1930年。

图1.24
伯兹艾冷冻食品盒，大约1930年。

图1.25

图1.26

图1.25
G.W.Armstrong药店，大约1913年。

图1.26
星期天，美国纽约下东城区的购物者们，大约1915年。

图1.27
Piggly Wiggly自助杂货店内，大约1917年。

图1.27

图1.28

图1.28
由华盛顿特区C.L.汉密尔顿公司（C.L.Hamilton Co.）制造的洗发水和润肤露，大约1909年至1932年。

图1.29
芝加哥杂货店内正在选购罐装食品的女顾客，20世纪20年代。

图1.29

19世纪中叶，随着赛璐珞（celluloid）材料在照相胶片制造中投入使用，工业塑料的发展开启了。20世纪20年代初，玻璃纸的发明标志着塑料时代的开始。自此以后，每十年就会开发出一种新型塑料材料。塑料，以其多样的形式和种类，已经成为产品包装生产领域中，应用最为广泛的材料之一。

第一次世界大战后，美国经历了数十年的城市化与工业化的进程，大批量生产的商品数量猛增。到20世纪20年代，随着各大公司纷纷采取措施应对战后的消费型经济，广告业也蓬勃兴起。新产品推出的速度越来越快，市场需求也随之增长，进而迫使处于领先地位的生产商们为提高产品销量而创造出各种新鲜方法。产品想要好销，就必须外观精美、极具特色，还要与消费者们不断变化的价值观念相适应。于是对于经营消费品的公司而言，营销成为第一要务，而包装设计工作则成了其中一个至关重要的战略手段（见图1.32、图1.33）。

20世纪30年代，包装设计已发展成为一个成熟的行业。美国的中产阶级日益壮大，成为了市场中不断增长的消费群体。女性在社会经济发展中所扮演的角色也愈发重要起来，成为大多数家庭的购买决策者。

图1.30
药剂瓶。
在Eimer and Amind药店的货架上陈列的几种含有不同药物的药剂瓶，1940年。

图1.31
Arm & Hammer苏打水。

图1.32
营业员将包装好的货物放到陈列架上，大约1939年。

图1.33
妇女向国会发表关于茶叶和番茄汁包装具有误导性的讲话，大约1939年。

各式各样的出版物的兴起为供应商、设计师和客户们提供了该领域的最新情报。《广告时代》（*Advertising Age*）将其关注的焦点放在包装设计领域，那些特定行业的杂志像《美国药商》（*American Druggist*）、《茶叶与咖啡行业》（*Tea and Coffee Trade Journal*）、《新锐杂货铺》（*Progressive Grocer*）也是如此。《现代包装》（*Modern Packaging*）与《包装报告》（*Packaging Record*）等杂志还点出了这一新兴行业的复杂性特征，即消费品公司需要与包装设计和广告界的精英们、包装材料生产商们、印刷商们以及生产过程中扮演各种角色的其他人员建立紧密的合作关系（见图1.34）。

图1.34
1936年，《现代包装》杂志1月刊封面。

20 世纪包装设计的发展

包装材料生产及供应的公司成为了包装设计师的重要资源。设计师们常常会邀请这些公司和印刷厂为其提供技术及创意实施方面的支持及材料样本。一些大型工业企业，纷纷开始创建成立自己的包装设计研发部门，例如杜邦（DuPont）在1929年成立该部门，美国容器公司（Container Corporation of America）则在1935年创建包装设计研发部门。这种为了完成包装设计而展开的三方合作的方式，即设计公司、生产企业内部的设计团队和供应商（提供材料、打样试制、印刷服务）之间的团队合作模式，从那时起一直沿用至今。

20世纪30年代的广告公司，例如艾耶父子（N.W.Ayer & Son）等都开始为客户提供包装设计服务。而对于某些消费品行业的公司来说，例如雅芳（Avon）和希尔斯·罗巴克百货（Sears Roebuck），他们对于产品包装设计的需求是如此强烈，以至于专门聘用了一批设计人员作为公司的正式员工。另外一些企业则雇用了一些工业设计领域的专业人士作为"消费品工程师"和"产品设计师"，目的是让这些富有艺术造诣的人员运用其才能和专业知识创造出能够满足消费者需求的设计。这些新兴的专业工业设计师们拥有创意性的引领才能，可为现代消费品行业提供有力的支持。

这些现代包装设计的引领者们拥有不同的专业领域。沃尔德·道温·蒂格（Walter Dorwin Teague）和约翰·瓦索斯（John Vassos）的事业都是从广告业起步的，唐纳德·德斯基（Donald Deskey）、诺曼·贝尔·格迪斯（Norman Bel Geddes）、罗塞尔·莱特（Russel Wright）和亨利·德雷福斯（Henry Dreyfuss）从剧院舞台设计起步，而法国移民而来的雷蒙德·罗维（Raymond Loewy）则把他作为欧洲人特有的对艺术的感性引入到了消费品设计中。工业设计师出身的艾德温·H.希勒（Edwin H. Scheele）、罗伊·谢尔顿（Roy Sheldon）和弗朗切斯克·吉昂尼诺托（Francesco Gianninoto）能同时在产品设计和包装设计领域游刃有余（见图1.35）。

作为包装设计师，他必须要深入了解包装生产制作过程中的诸多技术因素，以避免造成设计出的包装概念无法落地生产，或者包装无法使用现代化的机械设备和生产线批量制造的情况。要想使得包装设计最后获得成功，就必须在包装材料、加工、印刷、标贴和运输等方面拥有广博的知识。

工业设计师本·纳什（Ben Nash）被赞誉为"他所处的时代最优秀的设计师，更推动了包装设计行业的发展，

图1.35
1950年，雷蒙德·罗维设计公司（Raymond Loewy Associates）包装绘图室，位于美国纽约麦迪逊大道488号。

图1.36
《美国家庭》(*American Home*)
杂志封面，大约1949年。

图1.37
《美国家庭》杂志中刊登的广告，
大约1949年。

使之成为专门的职业。”[2]在20世纪30年代中期，纳什的设计公司在纽约的办公室就已经聘用了30多位设计师。他们把技术和商品销售的实用性与美学及消费心理学中的价值观融为一体。这些设计师领悟到，要想在设计上大获成功，与其在供应链终端配合零售商，倒不如在项目开始之初就与生产商展开合作。他们相信，如果能够掌握产品的考量因素，例如：这种产品的功能用途是什么、它是如何被生产出来的、会用到哪些材料，以及销售到什么地方，等等，那么就会使完成设计任务变得更加容易。并且，这些信息将引导设计师创造出真实反映产品本身的包装，而无需使用各种欺瞒的花招。合作双方可以就设计工作的种种限制因素达成共识，从而引导设计项目取得成功。这种工作理念沿用至今，成为创意工作方法的基本框架。

20世纪40-50年代的设计师们虽然背景各不相同，但他们都选择为工业生产而进行艺术创造，进而成为这一新兴专业领域中的大师。年轻的设计师们有的来自平面设计专业，有的来自舞台美术设计专业，有的来自印刷排版设计专业，还有的来自时尚插画和工程学等领域。随着时间的推移，这些卓有成就的设计专家们形成共识，总结出了一套基本准则，并将此作为其业务实践和工作程序的指导。人们把这个新领域的设计专家称为包装设计师。

1937年，标准食品连锁店（Standard Food Stores）发明并推出了世界上首批购物手推车，这对顾客们的购物体验产生了深远影响。消费者们在店里可以随时挑选出自己所要购买的物品，而不再依赖于店员。有了购物手推车，顾客就无需在购物过程中费力搬运选好的商品了。而且这种便利工具还有助于增加顾客单次购买产品的数量，这令零售商们兴奋不已。当时，各个社会阶层和经济阶层的妇女们负责大部分的家庭购买活动。她们时常采购，并以自己能够分辨出定价合理的优质产品而引以为豪。随着市场上可选产品数量的日益增长，商家们也竞相通过包装设计吸引她们的注意（见图1.36、图1.37）。

20世纪40年代中期，冷冻食品的包装得到了改进。蔬菜和鱼类冷冻食品在第二次世界大战时期定量配给，被视为奢侈品。虽然早在1927年，人们就已经发明了喷雾罐（带有一个推进装置和一个喷雾阀的包装罐），但这个结构直到20世纪40年代才得到完善，从而成为市场上一种举足轻重的包装方式。马口铁、钢、铝都是当时用于包装罐生产的主要材料。最终分量更轻便且经济实惠的铝罐和喷雾罐取代了钢罐，成为用于液体、泡沫、粉末和乳膏类产品分配和销售的包装（见图1.38）。

尽管产品和包装的美感必不可缺，但安全性、使用的便利性、生产成本以及材料选择的考量才是引导包装设计师创意工作的最关键因素。这些因素在包装设计的早期就已经确定下来，其理由是，虽然具有美感的外观会诱导消费者购买产品，但却不会有助于提高顾客对产品的满意度。理想的产品包装设计应该是美观与功能的完美结合（见图1.39）。

图1.38
可口可乐罐（Coca-Cola），大约1940—1942年。

---

2 亚瑟·J.普罗斯（Arthur J. Pulos），《1940—1975年美国包装发展史》（*The American Design Adventure 1940—1975*），马萨诸塞州，剑桥，麻省理工学院（MIT）出版社，1988年。

第二次世界大战对包装设计产生的影响体现在促进了包装食品和超市业的迅猛发展。以前店员需要对产品进行称重后包装销售，现在包装以独立的形态出现在这个全新的市场中。在这之前，消费者们如果要了解产品信息，需要依赖于杂货商们。现如今他们可通过产品的包装直接获取，这大大改变了市场的运作方式。虽然此时在欧洲，许多货品仍以散装形式大量销售，而在美国，大众营销方式的出现，迫使产品开始采取预包装的形式生产销售。

20世纪40年代末，自助式销售商店的兴起使得包装设计力求能被顾客们很快识别出来，在没有推销人员语音推介产品的环境下，包装常常被人们当作“无声的推销员”。于是包装设计进一步演化为一个更富活力的行业，其目的在于使消费品对大众更具吸引力，并令“品牌知名度”成为产品推广过程中不可或缺的重要部分（见图1.40）。这个崭新的市场领域内充满竞争，而包装设计的责任就是推广品牌并使该品牌包装能在零售货架上占据一个显眼的位置（见图1.41）。于是，食品生产商摇身一变成了食品推销商，随之大量涌现出了诸如品牌管理、产品营销、广告和包装设计等方面的咨询公司。

图1.39
波兰水（Poland Water）广告，大约1944年。

图1.40
Bon Ami Tidy Home三明治包装袋设计，20世纪50年代。

图1.41
Grand Union超市，大约1952年。

市场竞争愈演愈烈

商家们认为大多数商品都与消费者建立了关系纽带，能反映出消费者的性别、角色、社会等级、人种以及其他一些群体特征。比如，贴有装饰性精致卷轴标签的啤酒，在所有销售人员看来这是极具美感和吸引力的产品，但在实际销售中却不能吸引和取悦大多数品位和兴趣各异的饮酒爱好者，他们倾向于认为这样的包装更适合女性消费者去购买。由此，销售商们意识到，不同的品牌会吸引不同类型的顾客群体，而品牌识别已成为提升产品销售的关键因素（见图1.42）。

20世纪60年代间，美国航空航天局在科技方面的杰出成就大大促进了包装材料和包装技术的发展。为了使产品能得到更好的保护，保质期更长久且能被消费者更便捷地使用和获取，管式包装、冻干粉、挤压式铝质软管以及铝箔制成的饮料包装被研发出来。

此时，包装设计需要更迅速地传达出产品的形象特征，而排版技术的大大提高则为此提供了有力支持。随着照相排版的出现（利用摄影成像原理，通过摄影曝光，将文字成像在感光材料上，再经冲洗获得底片，用底片制版印刷的方法），设计师们能够更自如地控制字间距和行间距。随着赫布·鲁巴林（Herb Lubalin）和米尔顿·格拉赛（Milton Glaser）等设计师们的商业印刷作品问世，精湛的排版技术也成为一种备受公众欣赏的艺术形式。

图1.42
贴有装饰性标签的啤酒罐。

现在被归为商业美术的包装设计和广告，加上平面设计和排版印刷，成为了反映20世纪后期人类文化全貌的重要部分。然而，随着波普艺术运动对纯艺术和商业美术的重新界定，上述商业美术形式也面临着诸多挑战。波普艺术追捧战后消费主义，以日常消费物品为题材并展示出它们壮丽恢宏、气质独特的一面，从而将高雅艺术与通俗艺术衔接起来（见图1.43、图1.44）。

随着市场竞争愈演愈烈，各家公司需要在公众面前塑造出一种步调一致的形象，以确保其企业形象和产品印象在公众心中产生关联。代表公司形象的各种图形元素，如信笺、标志、车载广告和名片等，遂成为企业塑造“企业形象识别”的一部分。由于市场对企业形象的高度重视，加之该时期内新产品层出不穷，各家公司都顺应时势，定期更新和统一其产品的视觉形象画面，以便在消费者心目中留下深刻、鲜明、持久的企业形象（见图1.45）。

图1.43
百事可乐（Pepsi）平面广告，20世纪60年代。
设计师：约翰·奥尔康（John Alcorn）
客户：百事可乐

图1.44
番茄口味金宝汤（Campbell's Tomato Soup）平面广告，1968年。
设计师：约翰·奥尔康
客户：金宝汤

图1.45
露华浓（Revlon）超自然系列产品包装设计，1964年。

对消费者权益的保护

1962年，肯尼迪总统首次就消费者权益向美国国会做了一次总统演说。他在这次演讲中表示，政府需要对消费者在产品的安全性能、产品信息、产品选择、产品的新鲜度、便利性和吸引力等多方面的权益实施保护。当时各式监管机构，例如美国食品和药物管理局（FDA）、美国联邦贸易委员会（FTC）和美国农业部（USDA）对于相关条款的制定都存在漏洞，无法使消费者权益得到适当的保护。通过20世纪60年代数个维护消费者利益的团体和主管消费者权益事务的总统特别助理埃丝特·彼得森（Esther Peterson）的努力，美国国会于1967年颁布了《公平包装和标签法》（*FPLA*）。

《公平包装和标签法》指示美国联邦贸易委员会以及美国食品和药物管理局发布一系列规定，要求所有消费型商品都必须贴有标签，标注净含量、商标，还有产品生产商、包装商或分销商的厂名和厂址。此外，该法案还授权颁布了防止消费者蒙受欺骗的其他法规，要求商品标签添加对产品成分的描述、松散包装的标注、使用“减价优惠”字眼或低价标签，以及包装尺寸的描述等。经授权，美国商务部国家标准与技术研究院（NIST）下属的度量衡办公室（the Office of Weights and Measures）负责促进各州法规和联邦法规在消费品标示规定方面的协调统一。

联邦政府要求准确无误的包装及标签，这意味着消费品制造公司必须修改包装以满足这些新标准。随着这些新需求的出现，设计公司也纷纷拓展业务能力，从而将新的包装设计要求纳入工作之中。

包装设计公司的发展

生产商们迫切需要富有鲜明特色的包装从而推动销售，于是各种新材料和新结构也应运而生。与此同时，包装设计师们需要具有特定的专业能力和经验，不仅需要使现有设计适用于各种新流行的包装形式，而且还要符合联邦政府的相关规定。

20世纪60年代中期，美国经济空前增长。产品生产过剩，超出了消费者需求，从而导致竞争加剧。各式新产品迅速涌入市场，产品推广失败率上升且利润也随之下降。此外，要想取悦那些精明的消费者们可谓难上加难，购物时他们精挑细选，对于虚假宣传满腹质疑，而且对那些徒有其表的产品革新或包装改进完全不屑一顾。

由于产品间的差异减小，有些甚至到了完全雷同的地步，生产商开始寻找能使他们的产品在竞争中脱颖而出的各种方法。在商品的分配模式和销售模式改善升级的同时，技术领域也不断突破，出现了新式的生产技术、工艺和崭新的材料理念。面对市场营销和生产技术带来的诸多挑战，在生产行业中处于领先地位的公司，纷纷雄心勃勃地迈入了一个崭新的产品研发时期。

1966年，设计师阿兰·勃尼（Alan Berni）敦促生产商们全力研发出各种金属表面材料，为设计师们在创造独特包装时提供了更大的创作灵活性。其他的设计师，如海华德·布莱克（Hayward Blake）则提议，应将注意力更多集中到容器设计的触感方面。在材料的研发过程中，无颗粒纸板的出现使设计师们开发出了与产品轮廓相结合的曲面包装，以及多曲面包装。

到了20世纪70年代，一些包装设计公司已经设立了海外办事处。雷蒙德·罗维设计公司曾先后参与麦斯威尔（Maxwell House）、家乐氏的纳贝斯克饼干（Nabisco）、桂格燕麦片、象牙牌肥皂（Ivory）、邓肯·海因斯（Duncan Hines）、亨氏和贝蒂·克罗克食品公司（Betty Crocker）的包装设计工作。此时，包装设计已不仅仅只是产品包装及其销售卖点的表达，而且是某种明确的营销策略的体现。

在美国，文化与性观念的革新为创新产品包装催生了新的营销战略。带有感官刺激的潜意识营销开始介入到包装设计概念中（见图1.46、图1.47）。

1977年，由史蒂夫·乔布斯（Steve Jobs）掌舵的苹果（Apple）电脑公司成立。同年，苹果公司的Apple II型个人电脑面市。这台电脑开启了个人电脑革命，通过创新的计算机科学技术在给消费者带来全新的、友好的用户体验的同时还经济实惠。最早出现在Macintosh 128K型电脑上的苹果操作系统使得整个设计行业发生了天翻地覆的变化，并由此使苹果电脑成为如今开展任何设计业务的基本配备。

苹果公司不仅仅将自己打造成计算机技术领域的领导者，还通过至关重要的创新设计理念和产品差异化的推动力，推出了第一批带着各种“口味”的iMac电脑，其颜色明亮炫彩，与其他电脑品牌和电脑相关硬件推出的标准米白配色截然不同。iMac的问世不仅在电脑行业掀起了一股潮流，同时也掀起了小型电子产品行业、办公用品行

图1.46

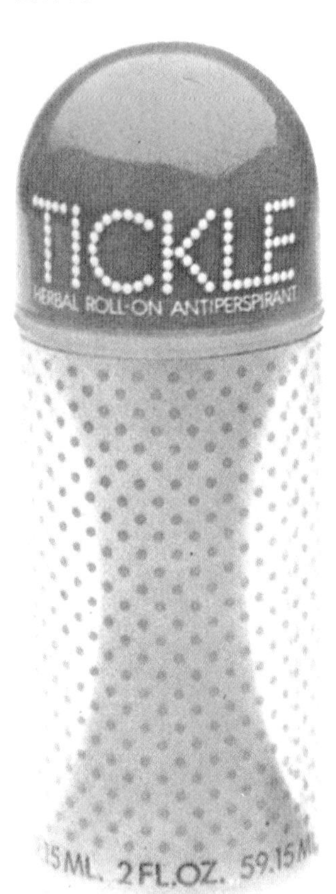

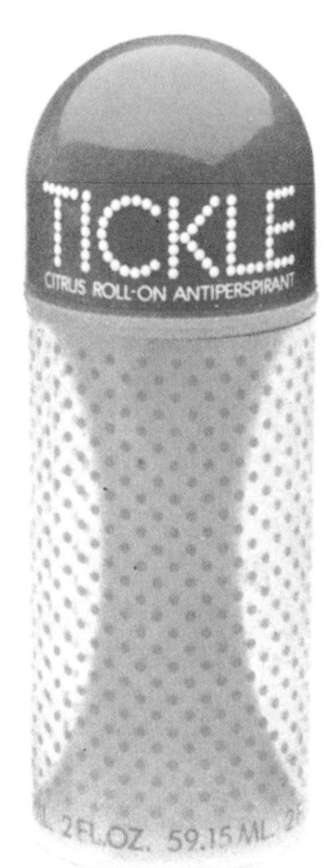

图1.47

业、家居用品行业、时尚首饰及配饰行业产品开发及包装设计的新风尚。

20世纪80年代，大型购物中心和超级市场数量的增长进一步刺激了市场对更多产品的需求。各大超市纷纷扩大各自的食品业务，为顾客们提供所有类型的预加工食品和冷冻食品。为了通过勾起人们的怀旧情怀进行商品销售，肉铺、花铺、面包房等小型专卖店铺开始入驻超市。这促进了包装设计朝着一个全新的方向发展，同时也扩大了商家们对商品陈列和系统展示的需求。在这样一个充满竞争的环境中，超市商品的畅销要更大程度上依赖于其品牌的包装设计（见图1.48、图1.49）。

市场竞争的不断加剧令市场营销者和生产商都意识到好的设计就是企业的一项重要资产。因此，美国国内设计公司的数量也随之显著增长。新公司如雨后春笋般涌现，原有的设计公司则在美国以外的其他地区开设办公室，以承接各式设计业务，如对滞后的品牌进行重塑设计、延展现有品牌的产品线和创立新产品品牌等。包装设计的重要地位在全球范围内得到了认可。

同时，各种维护包装设计师利益的设计协会纷纷开始扩大其影响力，致力于增加公众对包装行业的认知，同时促进设计专业人员之间的沟通交流。加入美国包装设计委员会、英国设计委员会、日本包装设计协会、泰国包装协会和世界包装协会的会员将在其本国和国际同时获得认可。在美国，Coleman集团、Deskey联合公司、Gerstman及Meyers公司、Landor联合公司、Primo Angeli公司和Teague联合公司等众多设计公司都将包装设计作为其主要业务领域。

图1.48

图1.49

图1.46
L'eggs连裤袜包装，约1969年。
设计师：Robert Ferriter
客户：恒适（Hanes）

图1.47
Tickle止汗剂包装，约1977年。
设计师：未知
客户：百时美施贵宝公司（Bristol-Myers）

图1.48
通用磨坊（General Mills）“Trix兔，马戏团的乐趣和吃豆人”主题麦片包装盒，20世纪80年代。

图1.49
Brillo、S.O.S和Chore Boy肥皂包装盒，20世纪80年代。

包装设计行业的新发展

到了20世纪90年代，消费品公司们纷纷将其生产的众多产品品牌化和商品化，以便进入市场销售。他们意识到有必要让包装工程师们一起加入到产品研发团队中，并让包装设计师们成为营销团队中的一员。对产品使用的便捷性和功能价值的考量主导着材料研发和营销过程的诸多方面。消费者的价值观也正在发生变化，空间占用率、是否能循环使用以及环保问题这些考虑因素也变得越来越重要。为了打消消费者们对包装破损隐患的担忧，汽水罐的开启结构从拉环变为易拉式罐盖，而玻璃材质则被塑料取代。还有复合纸板材料、涂布纸板的创新，这些都为包装设计师们提供了全新的设计空间。

到1998年，一家普通的美国超市里平均会摆放将近3万件SKUs的产品（SKUs, Stock-keeping units库存单位，一种对应特定产品可扫描条码的数字标识符，便于跟踪相应产品的库存信息），比五年前增加了大约50%。[3]随着许多消费品公司纷纷合并以及创新技术的不断问世，产品的生命周期也变得越来越短。作为回应，各家公司都设法重新设计产品包装，以确保产品的信息能立即吸引消费者的注意力，销售过程也比以往任何时候都变得更为快速（见图1.50至图1.53）。于是摆在包装设计师面前的工作机会也骤然增加。

21世纪初，随着奢侈享受成为消费者们推崇备至的价值观念之一，设计也开始成为一种描绘高雅生活的手段。从时尚、家居用品、汽车到移动电话和电脑，设计已成为消费主义世界中盛行的关键因素。随着包装设计品质的不断提升，消费者的审美眼光也在鉴别设计品质的过程中随之提高。对市场观察敏锐的企业们开始纷纷意识到设计对购买决策的影响力，并专注开展研究。

图1.50

3 引用丹尼尔·平克（Daniel Pink）文章中提到的“隐喻营销”（*Metaphor Marketing*），发表于《快公司杂志》（*Fast Company*），1998年3月31日。

图1.51

图1.52

图1.50
吉列（Gillette）剃须膏和剃须膏凝胶罐，20世纪90年代。
设计公司：Kornick Lindsay
客户：吉列

图1.51
菲多利（Frito-Lay）零食罐，20世纪90年代。
设计公司：Kornick Lindsay
客户：菲多利

图1.52
亨氏“EZ Squirt”彩色系列番茄酱瓶。
设计公司：Interbrand
客户：亨氏

图1.53
家乐氏“Special Kplus Cereal”系列麦片包装广告，1999年。

TO OPEN ▶
Kellogg's
Special Kplus cereal
Whole wheat, corn and rice flakes with raisins, dates and almonds.
60% Calcium daily needs for a strong body
90% Iron daily needs for an active lifestyle
Looks different... because it is.
60% calcium
90% iron
100% folic acid
Introducing Kellogg's® Special K Plus™– a new cereal that helps replenish vital nutrients you need to look and feel your best. With 60% of the calcium you need daily, one serving gives you twice as much calcium as any other national cereal brand. And that's before you add milk. In addition, it also provides 90% of the iron and 100% of the folic acid you need daily. No wonder it stands out in a crowd.
Kellogg's® Special Kplus™
Strength in Numbers
60 - 90 - 100
TM, ®Kellogg Company ©1999 Kellogg Company
Cheerios, Total and Basic 4 are trademarks of General Mills, Inc.
Post Fruit & Fibre is a trademark of Kraft Foods, Inc.

时代的变迁与价值观的变化

纵观历史，不同时期的包装设计目标各不相同，反映了人们在不同时期的价值观和需求。虽然还没有任何一个主题或任何一种方法足以概括21世纪初包装设计的现状，但简约主义已成为一种主流设计风格。这种备受推崇的设计价值在于减少不必要的设计复杂性，精简重点以提高包装设计传播的有效性。有效且有影响力的包装设计传播策略在日益混乱的市场环境中面临着挑战。同时，随着消费者对可持续发展价值观的认可日益增长，包装设计的价值得到了提高，进而也提升了包装设计师的职业价值（见图1.54）。

包装设计已成为公司整体品牌战略的重要组成部分，因此，包装设计的价值也越来越高。设计专家开始介入商业，成为了将产品推向市场过程中的关键利益相关者。在此之前，市场营销人员处于决策者的有利地位，而其他行业的专家则是服务提供者或供应商。全球商界不再将设计作为达到目的的一种手段，而是将其视为企业整体战略的核心组成部分。

随着对设计价值的理解不断加深，为实现商业目标，市场营销人员非常依赖于设计师和供应商的创新能力、专业知识和经验以及创意策略能力。此外，包装设计专家们与品牌打交道的历史由来已久，他们不仅对营销传播策略一清二楚，而且对视觉传达、包装结构、材料应用、生产方式、监管法规，甚至跨文化传播的所有设计挑战都有着独到的见解（见图1.55至图1.58）。

图1.54
依云（Evian）瓶装水设计，大约2007年。
设计师：克里斯汀·拉克鲁瓦（Christian Lacroix）
客户：依云

历史上，包装设计的发展始于人类、社会和文明的需要。随着人们越来越认识到消费主义对地球带来的影响，包装设计师和营销人员开始认识到可持续发展和对环境的责任将成为21世纪包装设计的重要考量因素。经济的挑战、生活方式的转变、技术的进步和市场的创新，使得包装设计的功能和作用得到了重新评估。技术创新仍然是包装设计功能发生变化和进步的驱动力。作为一种承载社会责任的工具，包装设计需要

图1.55
Method洗碗皂在2001年开拓了肥皂市场的一个全新品类。
设计师：凯瑞姆·瑞席（Karim Rashid）
客户：Method

图1.56
箭牌（Wrigley）5系列口香糖，2007年。
包装设计大胆醒目且极具时尚感，彻底改变了这一品类包装给人的固有印象。
设计公司：贝克（Baker）
客户：箭牌

图1.57
亨氏番茄酱采用的植物环保瓶，2011年。
亨氏与可口可乐基于以植物为基础的塑料瓶研发合作，推出了其标志性的可持续包装。

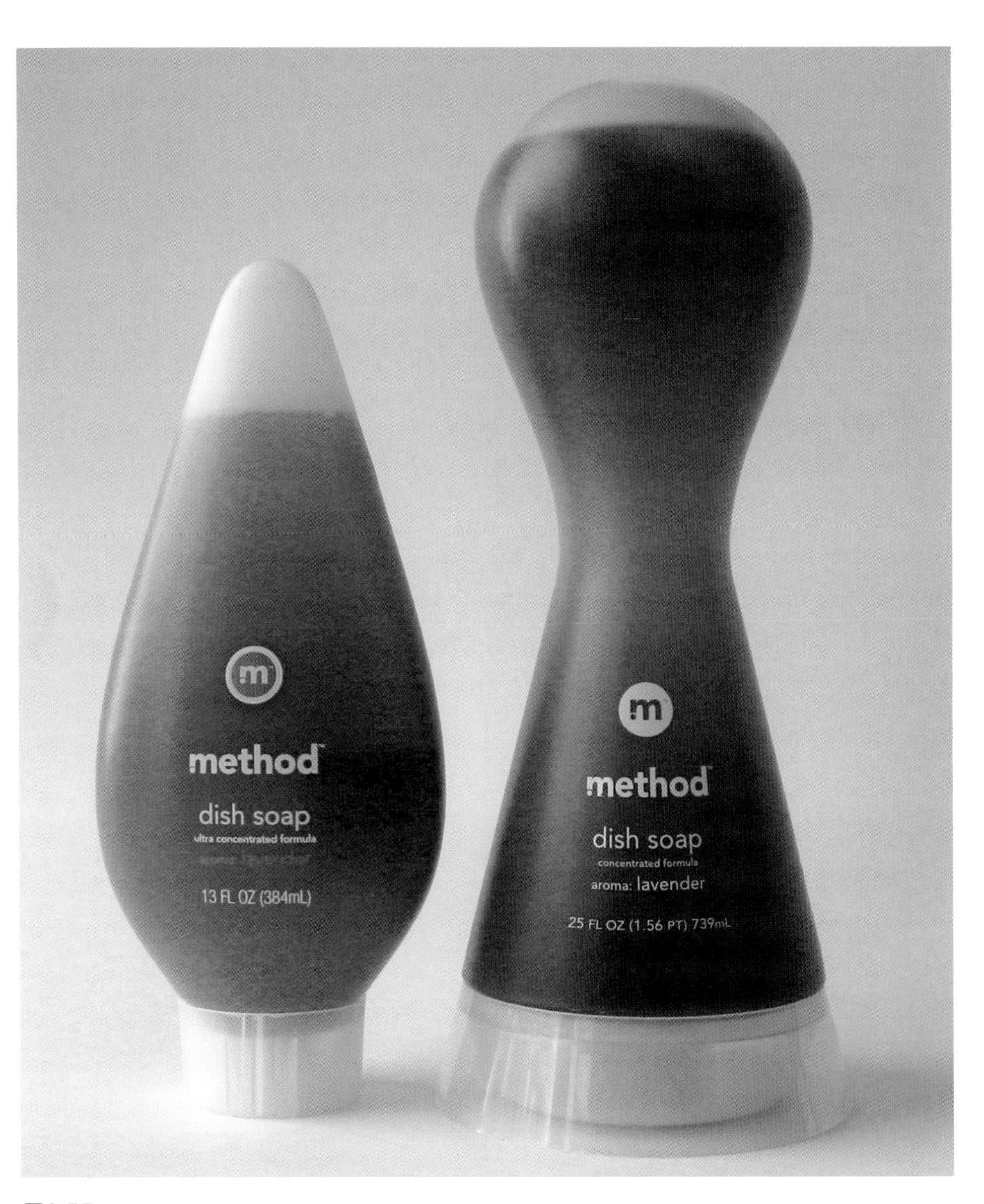

图1.55

在减少和重复使用废物，保护利用自然资源和能源，倡导节制消费等方面发挥作用。包装设计的可持续发展体现在在满足人类新的需求和欲望的同时，需要首先关注环境。

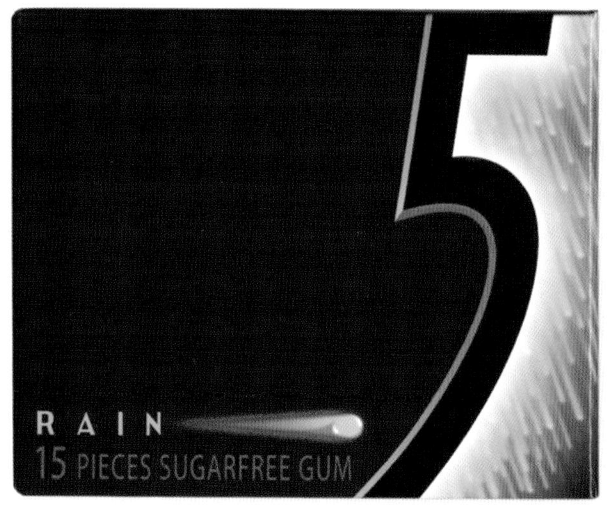

图1.56

图1.57

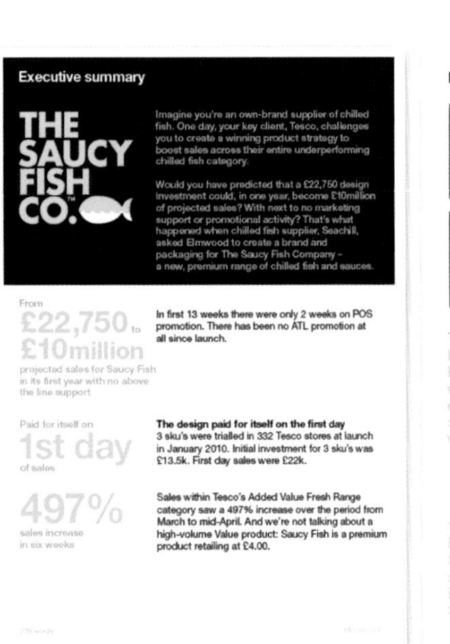

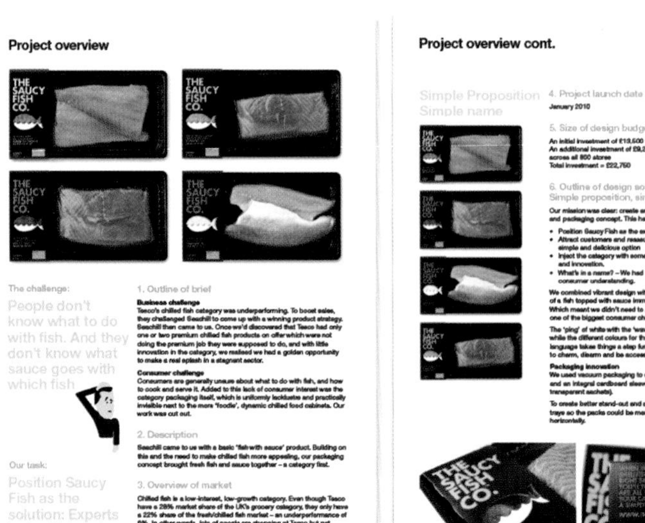

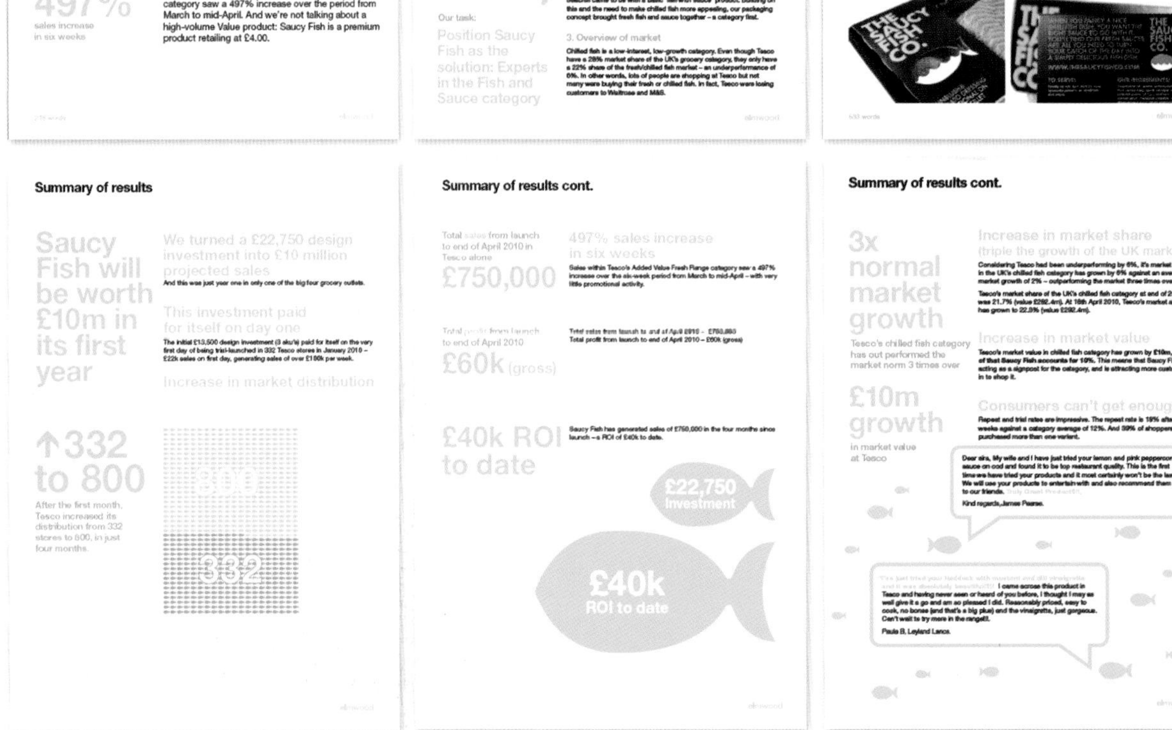

图1.58
Saucy Fish品牌战略执行概要。
设计公司: Elmwood Leeds
客户: Debbie & Andrew's

2 包装设计定义

什么是包装设计？

包装设计是一种将形态、结构、材料、色彩、图形、字体排版及其他辅助设计元素与产品信息相联系，使产品更适合市场销售的创造性工作。包装设计不仅可以盛放和保护产品，使商品便于运输、分配和贮存，它还能使产品在市场中彰显品牌身份、体现产品特色。包装设计可以其独特方式向消费者传递出某一种消费型产品的个性特色或功能用途，最终达到营销目标。

铺设不同种类商品的超市、百货公司、大型商场、专卖店、奥特莱斯直销店和网上商城都是赋予商品生命的地方。这些零售营销点为消费者提供了琳琅满目的产品，随之而来的是竞争激烈的细分市场和消费者的差异化需求。在消费社会中，产品需要通过其包装来吸引消费者的目光，可见产品和包装密不可分。而成功的包装设计其实就是引起消费者的购买欲望（见图2.1）。

商品从生产者转移到消费者手上的过程包含了规划、执行、定价、陈列、促销、广告、推销、分销和销售。包装设计为建立品牌忠诚度和销售产品而设计，以适应多变的营销活动。

图2.1
货架上摆放的一组肥皂品牌。在没有独特包装的情况下，产品会看起来都相差无几。

成功的包装设计取决于一个定义明确的战略，即确定产品与众不同的卖点，在产品竞争间呈现出鲜明的对比。这种区分可以是在成分、性能或材料等方面，也可能在这些类似的产品中其实并不存在明显差异，但通过市场营销却能让人们感到这种差异的存在而已。无论如何，营销人员都会充分利用使产品畅销的方法。包装设计往往就成为了传达产品差异化这一竞争性挑战的载体。

对于许多品牌而言，包装设计确立了该产品品类的外观。竞争对手为了打破产品品类优势，也可能推出相似外观的产品包装设计。那么颜色、版式风格、字体、包装结构以及其他设计元素的使用方式就成了消费者判断产品品类的重要线索。

在理想的状态下，如果包装设计为消费者提供了明确具体的信息（无论是有意识的，还是无意识的），并且可能还有一个可比较的参考点（哪种商品似乎更有效、更物有所值、包装更便捷），那么消费者往往会更愿意去购买。无论是精心计划的消费行为，还是冲动消费，产品的包装外观通常是消费者购买产品的唯一原因。商家们的目标就是避免消费者混淆品牌并使自己从众多竞争对手中脱颖而出，最终对消费者的购买决策施加影响。这也是包装设计能够成为公司整合品牌营销计划获胜的关键缘由（见图2.2）。

图2.2
专利结构：Ultra-Palmolive“pure + clear”系列洗涤剂与儿童洗涤用品。
一个成熟品牌的产品线可延伸并适用于不同定位的人群与使用场合。

文化背景与价值观

作为社会物质生活的一部分，包装设计揭示并反映了市场的文化价值观。由于包装设计主要存在于由不同文化背景和价值观的人群聚集在一起的市场环境中，如超市、售货机、专卖店、百货商店或网上商城等，因此包装设计必须作为一种具有美感的手段，与不同群体的消费者进行沟通交流。在许多情况下，成功的设计师往往会在整个设计中运用人类学、社会学、心理学、人种学和语言学等方面的知识来制订出具有开发战略性的设计方案。他们通过广泛的市场调研和对复杂的设计元素的规划使用，使包装设计传达出适当的文化价值观来吸引目标消费者。成功的包装设计打开了一扇窗，一扇可以让消费者看到自己和自己的欲望的窗（见图2.3）。

文化价值观和信仰对消费者购买决策的影响应受到重视。潮流和趋势，时尚和艺术，消费者的年龄层次、乐观进取的生活态度和种族特征等都一一在包装设计中呈现。

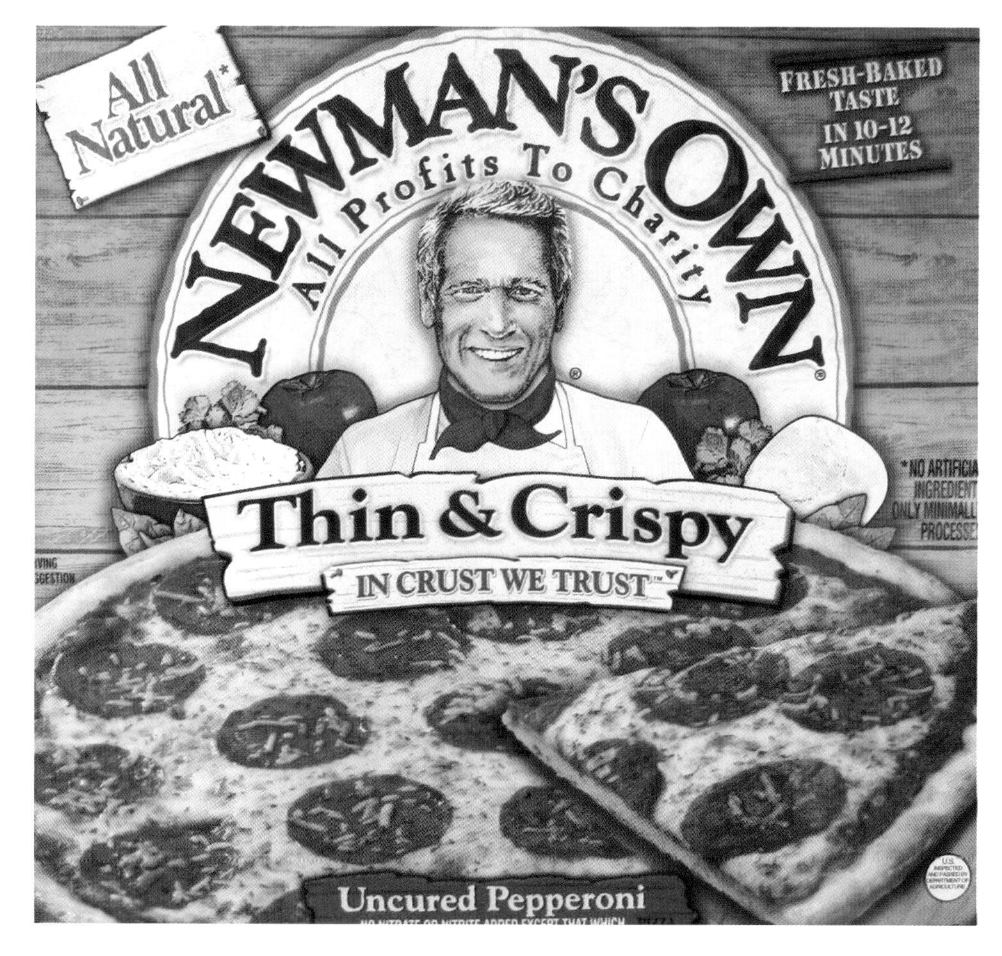

图2.3
Newman's Own薄脆意大利辣香肠比萨。
标语："薄皮，值得我们信赖!"（In crust we trust!）

有充分的依据表明，超过三分之二的商品购买决策是由消费者站在货架或促销台前的销售点时做出的。由此可见，每一个销售点的包装陈列和营销规划，都会对销售收入产生直接和显著的影响。

想要在销售点与消费者进行有效沟通，您首先要弄清楚消费者是如何在您的产品所处的品类中做出购买决定的。换句话说，他们接近货架是否是为了寻找某个品牌、某种特定的颜色，寻找适合他们的皮肤、头发类型、身体状况的产品？当然，这一趋势在不同的产品品类中的差异性十分明显。

虽然这些差异特性很难一概而论，但这里可以提供一个一致的观察结果：在大多数情况下，品牌依靠其更多规格、更多样化或更高利润的产品，有很大机会“诱发”消费者成为其品牌用户。事实上，我们发现比起依靠消费者站在货架前5~10秒内的判断力去“战胜”竞争品牌，将上述观察结果作为目标往往更为现实。然而，所面临的挑战是在最大限度地减少与同类产品的竞争并保证企业利益最大化的前提下，如何“诱发消费者的购买行为”。在这里，我们发现，相比许多公司提出的“好、更好、最好”的营销策略，更直接有效的方法是针对不同的使用场合提供不同的产品定位策略或子品牌策略，这样更能激励消费者们多次购买。

——斯科特·扬（Scott Young），“突破杂乱”（*Breaking through the Clutter*）作者，
来自锐敏市场营销策划公司（PRS），2012年

在多数情况下，包装设计的具体目标就是体现某种文化价值观。在某些情况下，品牌或包装设计还会呈现出基于特定消费群体或目标消费群体的感知价值。无论如何，包装设计应始终具有文化契合性、语言准确性、视觉逻辑性，同时还必须具有设计表现方面的竞争力。

挺进目标市场

当营销者已经准确找到具体的市场定位或锁定某一特定消费群体时，包装设计就会成为一种最具成效的促销工具。尽管各家公司都希望自己的产品能在更多消费群体中畅销，但确定一个具体的受众群体，有助于为该产品的包装设计提供适合市场销售的明确重点。准确定义目标市场，针对目标消费者的价值观、喜好、生活方式和习惯进行的清晰界定，有助于确定设计策略以及整体宣传框架。

其他考虑因素还包括：确定哪个消费群体将从此产品中获益最多、谁最容易接受这种产品。市场营销人员会通过对上述因素的考量引导包装设计、广告宣传和品牌整合传播，以便吸引目标消费群体。在竞争激烈的零售市场中，包装设计必须富有视觉吸引力，能够激发消费者的兴趣并影响他们的购买决策，所有这一切往往都发生在眨眼之间。营销人员的目标就是使包装脱颖而出，从而吸引特定的受众群体（见图2.4）。

图2.4
AXE洗发水和护发素。该品牌最初在法国推出，目标受众为青少年和青年男性。

包装设计与品牌

如果包装设计是“品牌”这个大范畴中的一部分，那么品牌的定义是什么？品牌最基本的表现形式就是赋予某一产品或服务的商号。现今，“品牌”这个词却成了一个包罗万象的术语，用来指代任何能识别卖家商品或服务的内容。尽管人们使用这种表达已经有数十年，但如今它已被过度使用，而且在不同专业领域对其做出不同的解释给公众造成了很多困惑。

在包装设计中，品牌就是体现所有权的名称、设计或标记，并代表其产品、服务、制造者或产地。消费品品牌是由大众消费社会中产品的物理属性及其与消费者期望值所建立起的情感联系来定义的。产品名称、包装设计、广告设计、标志系统、员工制服、交通工具、办公用品、印刷品、网站、社交媒体，甚至建筑都可包含在品牌这一范畴中。品牌的建立成了一个公司得以在消费者心中拥有独特地位的重要手段。通过各种材料、立体结构结合视觉元素的平面表现，包装设计塑造了品牌的形象，并在产品与消费者之间建立了一种联系。包装设计以可视化的方式表明了品牌的承诺，这种承诺可以是关于质量、价值、性能、安全，或是便利性（见图2.5）。

图2.5
咖啡包装设计。
对于消费品来说，包装设计与品牌之间的界限往往是模糊的。

品牌进化

将品牌拟人化是了解品牌的方式之一。品牌通过构思而孕育诞生，接着它们会成长并继续发展。不同品牌拥有各自的特点，并以此区别。通过设计，品牌明确了自己的身份，传达了品牌的意图并确立了市场的定位。事实上，“进化”一词在包装设计领域常常被用来表示品牌随时间而成长和发展的过程。

经过重新设计的包装，其结果如与之前的包装设计类似，但略有更新，被称为“迭代设计”。与迭代设计相反的是对先前设计的彻底改变，这被称为“革新设计”。革新设计，往往是指具有颠覆性的设计变革。迭代和革新的重新设计都是使包装设计走向成功的有效策略（见图2.6至图2.13）。

品牌就是人们对产品、服务或企业所产生的内心感觉。这是一种直觉，尽管我们尽全力去保持理性，但我们终归是富有情感和直觉的生物。说到底，品牌的定义取决于每个人的感受，而不是由公司、市场或所谓的普罗大众决定的。

——马蒂·纽迈尔（Marty Neumeier），《魅力品牌效应》（*The Brand Gap*），纽约，新瑞德（New Riders）出版社，2003年

图2.6

图2.7

图2.8

图2.6
Luden's止咳药水，旧款包装设计。

图2.7
Luden's止咳药水，包装迭代设计（盒装）。
设计公司：Goldstein集团
客户：Luden

图2.8
Luden's止咳药水，迭代设计（袋装）。

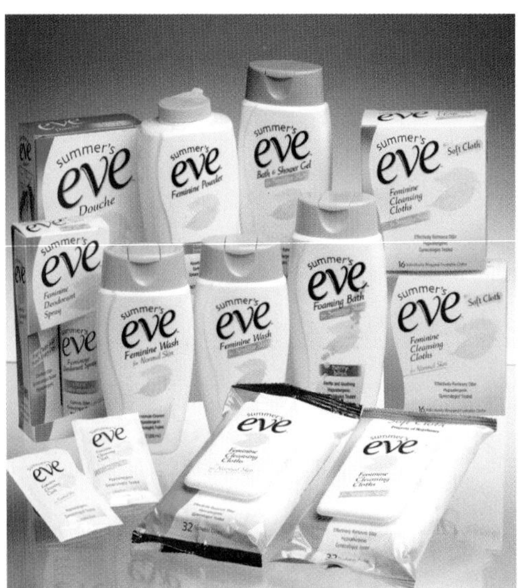

图2.9

图2.9
Summer's Eve女性护理产品，旧款包装设计。
设计公司：Little Big Brands
客户：Fleet Laboratories, Summer's Eve

图2.10
Summer's Eve洁面乳和沐浴粉。

图2.11
Summer's Eve香体喷雾。

图2.12
Summer's Eve洁面巾。

图2.13
在货架上的Summer's Eve产品。

图2.14
品牌记忆草图。
设计师：Andrew Chin

图2.10

图2.11

图2.12

图2.13

品牌识别

品牌识别是品牌的基本组成部分，包括名称、颜色、象征符号及其他设计元素。这些元素的视觉表现和各元素的组合搭配定义了品牌，并有助于该品牌与其他经营者的产品或服务相区别。品牌识别可与消费者建立情感联系。无论是传达产品的具体信息还是抽象概念，视觉识别系统都将成为消费者对产品留下的图像记忆或心理感知。消费者对关键设计元素的视觉记忆的好坏可以很明显看出品牌识别的强弱。因此，在包装设计中建立起这种品牌识别系统是取得市场营销的必备条件（见图2.14）。

品牌承诺

品牌承诺是经营者或生产商对其品牌及产品所做的保证。在包装设计中，品牌承诺通过品牌识别传递出来。履行品牌承诺是赢得消费者忠诚度并确保产品销量好的关键。如果不努力遵守，品牌承诺也会被打破，导致这种情况的原因多种多样。当品牌承诺确实无法兑现时，品牌和生产商的声誉不仅会大打折扣，而且消费者也可能会转投别处，选择其他品牌的产品。

品牌承诺及产品在人们心中的感知价值，会因下列包装设计的失误而造成负面影响。

- 结构设计不当所引起的产品包装拆分或开启不便的故障。
- 字体排版设计带来的阅读障碍，难以读出产品名，或者产品性质说明不清晰。例如，包装上的文本信息字迹模糊或者字

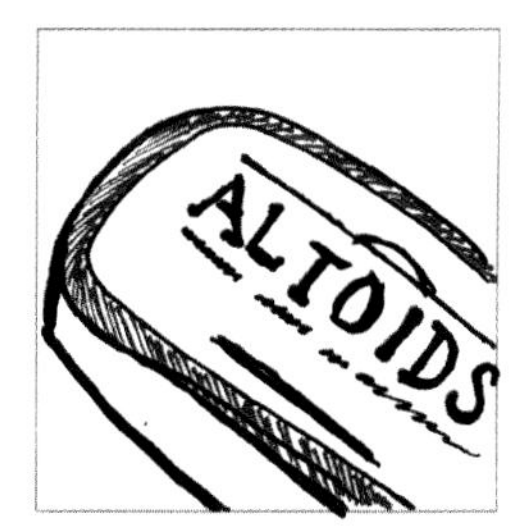

图2.14

体排版糟糕到让人无法看懂产品的功能用途。

- 包装设计使人觉得该产品优于同类竞争对手，但实际产品却不如其他产品。例如，在包装外观上呈现的食欲大增的画面与包装内的产品实际相差甚远。
- 过于精致的包装会让人觉得太过昂贵，因此消费者就不会选择购买。例如，采用特种纸、雕花模切、烫金或其他装饰方式，初衷是为了给消费者留下深刻印象，但却常常被视为华而不实。
- 劣质的包装设计会令人觉得该产品是质量低劣的便宜货。例如，包装设计所采用的材料不能正确反映该产品的实际质量、价格和个性特征。
- 包装设计看起来与该产品竞争对手的产品包装太过相似，导致市场混淆。
- 包装上未能正确显示有关产品的内容说明，例如，产品的净含量。
- 品牌识别系统中的各个元素与包装结构不成比例。
- 包装上出现自相矛盾、夸大其词或不准确的声明。
- 包装结构难以使用或无法扫描条形码。

品牌资产

随着包装设计成为一种品牌印象的体现，消费者们开始逐渐通过其视觉识别来辨识品牌的价值和品质、产品的特征和属性。从市场营销的角度来看，包装设计与产品间的种种关联，从有形的实体结构、视觉标志到与消费者们无形的情感联系，已经深深影响到了品牌的合法性和可靠性。只需调查消费者对这些识别特征的认同感有多深，人们就能衡量出品牌的影响力，而这些有价值的可视标识符就是一个品牌的宝贵资产。

各家公司都极为谨慎地管理着他们的品牌资产。由于消费者对品牌的感觉往往与包装紧密联系在一起，因此构成品牌识别的要素也就成了非卖品。当一个品牌对其产品的各种性能做出承诺，并对产品的质量和价值做出许诺时，它的品牌资产也随之被建立起来。

只有坚持不懈地遵从品牌承诺，持续为消费者提供值得信赖、可靠、优质的产品，才能建立起品牌资产的优势，从而使品牌在其所处品类中占据领导地位。消费者们青睐具有良好声誉的品牌，这样可以大大简化他们选购商品的过程。因为消费者们只购买自己信得过的产品。

对于成熟品牌而言，包装设计视觉元素中的版式、符号、图标、字体、颜色和结构，都是构成公司品牌资产的一部分。新上市的品牌不存在品牌资产基础，那么此时包装设计的任务就是在消费者心中构建新产品的印象。

品牌资产的价值体现在消费者对品牌标志和个性的认知度、熟悉程度、联想程度和忠诚度上。品牌资产是包装设计成功的关键组成部分，它是连接设计的过去与未来的桥梁。当一个品牌将革命性的包装设计定为战略目标时，对消费者的品牌资产认知度进行调研从而把握设计契机是项目成败的关键。

包装设计中的接触点

接触点（Touchpoint）是一个营销术语，在包装设计中，指的是能够让消费者认为是特定的，且识别品牌不可或缺的元素。接触点是包装设计中的一个方面，它能直观地“触及”消费者对品牌的心理印象。插图、照片、字体排版设计或图案，这些常常与品牌紧密关联的元素就成了一个个接触点。它是许多成功的包装设计的标志性特征，当消费者伸手去拿包装的时候，它便被真实地接触到了（见图2.15、图2.16）。

图2.15

Scrubbing Bubbles清洁剂的接触点。

拟人化的清洗气泡卡通形象传递了快乐、有效清洁的形象，并促成消费者对品牌的认同。

图2.16

纯果乐（Tropicana）优质纯橙汁。

当消费者熟悉的纯果乐优质纯橙汁重新设计包装时（右），由于未考虑保留旧包装设计（左）中的元素，从而造成了消费者的购买困惑，这些元素恰恰是该品牌资产的关键组成部分。

品牌忠诚度

品牌的概念与信任度息息相关。当消费者在使用某品牌的产品后有良好体验，那么此品牌就会获得信赖。良好的体验可能导致重复购买，消费者会愿意相信自己的下一次体验也是愉悦的。在消费者眼中，当品牌持续履行其对消费者的承诺时，这种品牌就会兴盛起来，消费者会继续购买该品牌的产品，并对它产生一种偏爱。

这种偏爱确立了消费者的品牌忠诚度，这也是生产商的最终目标。当消费者忠诚地爱上某个特定品牌时，他们会花费时间去寻找它，甚至还可能不惜支付更高的价格去购买它。坚定执着就是构成品牌忠诚度的价值观念之一。忠诚的消费者们与他们的品牌建立了情感纽带，甚至一些忠实消费者以近乎狂热的方式信任着他们所钟爱的品牌（见图2.17）。

图2.17
多芬（Dove）品牌识别。
多芬品牌依托消费者们的良好口碑延伸其产品，并使忠诚的消费者成为其品牌延伸的坚强后盾。

品牌定位和重新定位

消费品品牌定位差异化的因素包含：唯一性、独特性、价值感知（包括价格）、个性化以及竞争力。品牌定位使品牌在竞争激烈的市场中能找准方位，了解消费者对于品牌的认同感有助于塑造品牌定位。

为了使自己的品牌与众不同，且更具竞争力，公司会重新制订其产品的营销策略，这就是品牌重新定位。在重新定位过程中，公司会对品牌资产中现有包装设计所采用的视觉元素进行评估，制订设计策略，明确竞争契机，然后就会对包装进行重新设计。在这个过程中，专为现有包装设计而制订的全新战略方向就会产生。重新定位的目的在于提升该品牌的地位，然后在市场中与对手展开竞争，在不损失品牌资产的情况下获得市场份额。

以下是重新定位过程之初会涉及的问题：

- 现有的包装设计是否具有优势？
- 消费者是否能感知到现有包装设计中的可视标识符或线索？
- 这种包装设计是否具有使品牌从竞争中脱颖而出的“专属”品质？
- 这种包装设计是否能将自家产品与竞争对手有效地区别开来？

如果前三个问题的回答是肯定的，那就意味着这款包装设计具有品牌资产，或者说其中含有一些必须在重新定位过程中被仔细斟酌的视觉元素（见图2.18、图2.19）。

图2.18
Tums抗酸钙补充剂，旧款包装设计。

图2.19
Tums抗酸钙补充剂，重新定位后的新款包装设计。
设计公司：ANTHEM!
客户：Tums/葛兰素史克（GSK）

品牌延伸

品牌延伸就是增加一系列与品牌中的其他产品具有相同核心价值理念的产品。品牌延伸可能是在同一产品品类中推出新产品，也可能是一个品牌进入与之前产品完全不同的产品领域。品牌延伸也许是对不同的品种、口味、成分、风格、尺寸或形式的产品进行扩展。在某些情况下，它是一种新式结构包装设计，或是对品牌标志的进化性或革命性的改变。

如果一个品牌要扩展至全新的产品线，那么在策划新的营销目标时必须将原有品牌资产纳入其考虑范围。它也许需要保留和使用原有的设计元素，以便使消费者对品牌承诺的认知感保持不变。品牌延伸通常发生在类似产品品类之中（例如，从零食产品跨越到饮料产品，从护发用品跨越到个人护理用品）。品牌延伸为消费者们在购买同一商家的产品时提供了更大的选择空间（见图2.20至图2.25）。

图2.20
CVS Just The Basics旗下多品类产品合照。
设计公司：ANTHEM!
客户：Just The Basics/CVS

图2.21
CVS Just The Basics婴儿尿布产品。

图2.22

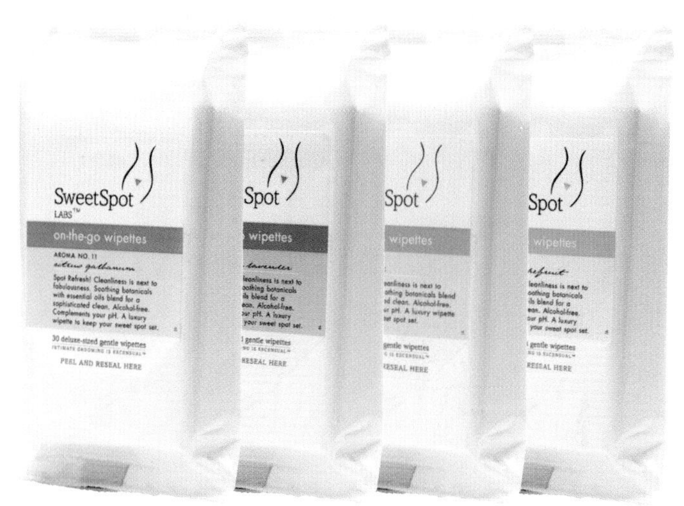

图2.23

图2.24

图2.25

图2.22
SweetSpot女性洗护用品。
设计公司: Creed
客户: SweetSpot Labs

图2.23
SweetSpot个人护理擦拭巾。

图2.24
SweetSpot独立产品包装。

图2.25
SweetSpot产品套装。

品牌延伸出的系列产品，可以通过多种方式帮助企业提升其品牌影响力：

- 当一系列的延伸产品在货架上一字排开时，该产品的品牌优势就在货架上凸显出来了。一排排视觉重复的系列产品组成的“品牌方阵”，在有限的货架空间内创造出一个立体“广告牌”的效果。
- 一个品牌有序呈现旗下多种产品，会给消费者带来信赖感，觉得品牌方在其产品质量和可靠性方面投入很多。
- 如果消费者对某一品牌感到满意，并且在该品牌定位的产品品类中有多种购买选择的话，那么他或她就会对此品牌更加忠诚。品牌资产是通过对消费者的长期投资建立起来的。

专属特征

当包装设计中所运用的版式风格、图形图像、包装结构或颜色等元素是为某一品牌量身创作且独具风格时，就可视其为具有“专属权”的元素。通常一种专属特征可以通过商标、专利或在政府部门登记注册来得到法律保护。在商业领域广泛使用一段时间以后，这些独特的、可合法拥有的专属特征将会成为品牌的代名词（见图2.26）。

图2.26
绝对伏特加（Absolut Vodka）专属包装设计。

二维设计基本原理

二维设计原理是包装设计中的基础。这些原理与线条、形状、颜色和纹理等元素在设计中的运用息息相关。它们具有普遍性，并通过组合或特定的形式法则作为其指导方针来塑造视觉传达。这些原理有助于把控整体设计过程。

解决视觉问题

解决视觉问题是包装设计的核心。无论是在引入新产品还是改善现有产品的外观时，创造性能力是解决设计问题以达到预期目标的方法，这种能力需要体现在概念构思、草图渲染到三维设计、设计分析与解决技术难题这一系列过程中。仅仅美观的包装设计不一定能在市场销售中取得成功，在多变的包装设计难题面前，我们的目标不能简单停留于创造纯粹在视觉上吸引人的设计。相反，必须制订一个以实现清晰的市场战略为目标的创意方法。

版式设计

理解二维设计首先要从理解版式设计开始：所谓版式设计，就是以实现视觉传达为目的，对各种设计元素所做的精心编排。第一步要先搞清楚设计原理中各设计元素间的关系，以及这些关系又是如何影响视觉传达的整体效果的。

版式设计的重要目标是以视觉来组织各项传达内容，最终创造出一种赏心悦目、发人深思、引人入胜的设计效果。其中，一些版式设计会依循网格布局（为版式设计布局提供的一种固定框架系统），此时设计元素的视觉层次在可变位置的规则引导下形成。

下面列出的基本设计原理，是根据满足不同设计任务的目标而制订的。在版式设计中，我们运用颜色、字体、图像和格式来创造并形成正确的画面平衡感、张力、比例和感染力。这便是设计元素如何塑造包装设计并传递产品属性的方法。将这些设计原理应用于包装设计版式中，将有助于我们进一步理解为什么它们可以增强包装信息的有效传递，而其他方式却收效甚微。

平衡：平衡就是为了使设计具有整体感而将各种设计元素汇聚一处，通过对称性或不对称性的方法创造出画面的视觉平衡感。

对比：当各种元素以强调其彼此间的差异关系放置在画面中时，对比效果就会呈现出来。使用不同的笔画粗细、尺寸大小、比例关系、颜色、明度或正负空间都可以创造出对比效果。

张力：张力是指画面中各对立元素间的平衡状态，通过在元素中重点强调其中的某一种元素从而激发观看者的视觉兴趣。

正负空间：正负空间也指画面中各种设计元素间相对立的关系。在画面中，一个由物体或元素构成的空间称为正空间，元素外的环境或余白空间称为负空间。

明度：明度（又称色值）是颜色的亮度或明暗程度。设计者运用明度原理，通过对明暗对比值的设定，可以巧妙地将观看者的注意力引导到画面中的特定区域。

重量：重量是指一种视觉元素相对于其他元素的大小、形状或颜色效果。

布局：布局就是指画面中一个元素相对于其他元素的位置。布局往往会创造一个焦点，继而引导观看者的视觉方向。

对齐：对齐就是按照逻辑分类的方法对各种视觉元素进行排列，使版式更易于查看，并从视觉效果上支持信息阅读的自然流动。

质感：一件平面作品可以通过在画面背景中使用各种平面图形图案、插画或照片来传递其质感。质感能增加画面的深度或创造出某种物理质地，如光滑、粗糙或颗粒状的视觉效果。

层次：按重要性顺序组织编排画面中的各视觉元素，就能创造出层次感。各元素之间的相对视觉优势可通过调整尺寸大小、重量、明度、布局、对齐方式和比例关系建立起来。虽然层次往往意味着一种自上而下的顺序结构，但通过视觉传达诸多设计因素的影响，可以改变观看者阅读产品包装文本信息的顺序。

图2.27至图2.33所示的包装主要展示面说明了各种巧克力品牌包装的不同设计原理。

图2.27

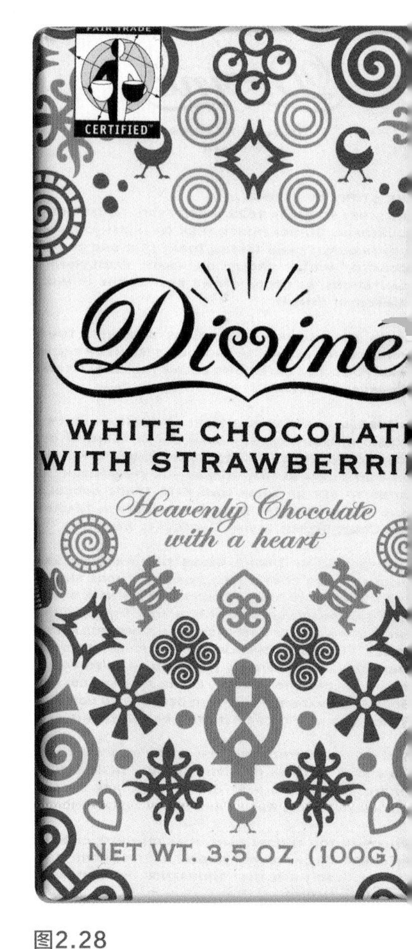

图2.28

图2.27
Green & Black's巧克力。

图2.28
Divine巧克力。

图2.29
Theo巧克力。

图2.30
Antidote巧克力。

图2.31
Whole Foods巧克力。

图2.32

图2.29

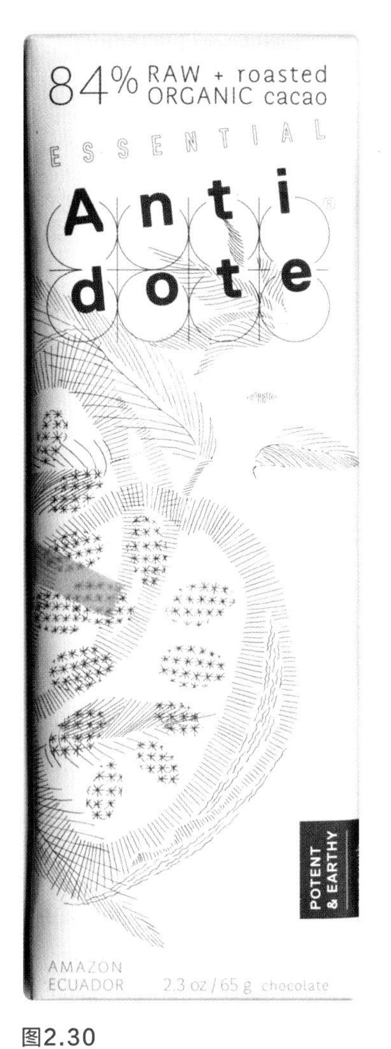

图2.30

图2.31

图2.33

图2.32
Chocolove巧克力。

图2.33
Equal Exchange巧克力。

包装设计的目标

一般来说，市场经营者或生产商会对包装设计项目提供详细的信息概述并提出目标。包装设计的目标框架结构取决于市场营销策略，并以为品牌建立一个独特而鲜明的生存空间为战略目标。

设计目标阐明了产品定位，明确了设计中的各项任务，为视觉表达奠定了基础，并为构建创意策略提供了依据。设计目标的具体内容往往决定了包装设计的操作过程，一般包括关于新产品或系列产品的研发、现有品牌向新产品领域的扩展，或对于一些品牌、产品或服务的重新定位等。

产品的差异化战略在零售环境与广告传播环境下是完全不同的。在货架上，竞争品牌们的产品一个接着一个地彼此紧挨着，并且消费者往往会在不到10秒的时间内快速比较产品并做出购买决定。由此可见，差异化必须是即时直观的，品牌间的微妙差异不足以引起消费者的注意。理想情况下，这种差异化可以通过查看和感觉包装本身而察觉到。一般来说，如果消费者必须通过主动阅读标签才能找到品牌差异点（与她另一只手中的包装相比），那么这个品牌很可能遇到了麻烦。如果消费者必须通过阅读包装背面的标签才能找到差异点，就意味着您已经失去了这一品类中绝大多数的购物者。

——斯科特·扬，“突破杂乱”

回答以下这些问题，将有助于明确包装设计的目标：

- 谁是消费者？
- 产品所要与对手展开竞争的市场环境是怎么样的？
- 产品的定价是多少？
- 产品的生产成本控制在多少？
- 从设计理念到产品上市的周期要多久？
- 计划采用哪些分销方式？

无论包装设计是针对新产品还是现有产品，任何包装设计任务的基本目标都是为了促进销售。而实现这一目标的方法就是必须快速清晰地传达品牌（品牌承诺）和产品特质（产品的各种优质属性）。

针对具体产品或特定品牌的包装设计目标可以是：

- 体现产品的独特属性
- 提升产品的美感吸引力和价值
- 保持品牌家族中系列产品的一致性
- 加强该产品在相关产品品类或产品线中的独特地位
- 研发出适合该产品所处品类的独特包装形式
- 使用新材料并研制创新包装结构，以达到降低成本、提高环保度或增强实用功能的目的

设计策略

设计策略是建立在明确的目标之上，并为了实现这些目标而制订的计划或一系列计划。成功的设计策略会充分利用品牌个性或品牌定位的观点，目标是帮助品牌与目标受众建立起关联。结合消费者和零售现状，创建一个一致性的品牌内部价值和外部价值计划，是制订设计策略或各种策略的一种方法。例如，设计策略可能是展示品牌的差异点（因为消费者会对商店进行对比），也可能是关注怀旧之情、简单生活、回归本真或保护环境。

易购性

消费者能够轻易地找到产品，这种现象被称为该产品的“易购性”，它直接受到零售环境的影响。视觉吸引力是构成“易购性”的关键要素，这是一种吸引消费者并俘获他们注意力的能力。

以商品推销为设计目的的包装设计，为在货架上塑造强大的品牌奠定了基础。

包装设计在零售环境中如何吸引消费者，消费者又为何想要购买产品，影响这些问题的变量因素不计其数。环境心理学家研究发现，商店的“氛围”可以增强或抑制消费者的购物情绪。消费者们的购物风格，包括逛商店、从一家商店到另一家，甚至从一个过道到另一个所用的时间都各不相同。不同的产品品类和零售环境，为消费者所创造出的吸引层次也是不同的。[1]购物者们在食品杂货品类（2秒即会产生购物决策）与化妆品类（可能至少要花费2分钟产生购买决策）购物时可能会花费不同的时间来做出购买决策。商店环境设计的变化也会影响消费者的购买决策。成功的包装设计——无论是在食品杂货还是家居用品类别中，都能有效地提高产品对消费者的吸引力。

消费研究人员花费大量时间对影响包装设计成功的这些变量进行分析。他们发现，纯粹从设计角度来看（去除其他市场营销变量，如价格、零售渠道、人口统计数据和品牌忠诚度），的确有一些重要因素能够最大限度引起消费者的关注，从而能使产品在看似杂乱的货架中脱颖而出（见图2.34）。

图2.34
抗酸剂产品的零售现状。

1 帕科·昂德希尔（Paco Underhil），《我们为什么购买：购物哲学》（*Why We Buy: The Science of Shopping*），纽约，西蒙与舒斯特（Simon & Schuster）出版社，2009年。

使包装设计在货架中脱颖而出的重要因素包括：

- 产品外观在品类中的适宜度
- 定制化程度
- 消费体验感
- 功能表现
- 美观性方面的吸引力
- 产品对消费者的吸引力
- 创新程度
- 专属特征

包装设计引起消费者关注的最重要的四大因素是：色彩搭配，实体结构或形状，符号与数字表达，以及字体排版。

市场调研

在包装设计过程中，营销人员会运用大量工具来解决各种复杂的市场营销问题。市场调研就是被广泛使用的方法之一，它贯穿在整个设计过程中。市场调研是一切设计方法的开始，它将引导头脑风暴、影响设计概念探索和创意发散。通过研究，它还能确保包装设计的优化或提升，以找到最好的方式销售产品。

作为设计过程中的一个关键组成部分，市场调研提供了对消费者洞察力的理解，将相关概念全面展开综合调查，并从中揭示有助于完善最终设计解决方案的调查结果。但如果使用不当，仅从表面对调研结果望文生义，又或者单凭调研统计数据或记分卡来推动设计决策过程，调研会适得其反。

切记不能利用市场调研来使设计结果合理化或使用调研结果来判断消费者的言论（消费者在接受调研时所揭示的内容以及他或她在购物时的行为方式并不总是相同的）。发现品牌或产品的商机，决定如何实现市场营销的目标，以及建立起最终设计的优势，这些都受到了市场调研的影响。

人口统计学与人类学研究

许多因素影响着消费者的购买决定。了解市场目标受众的方法包括对人口统计学特征的定量调研（年龄、性别、地域或地区、收入水平、教育程度）和定性调研（生活方式、理想抱负、欲望追求、情感联系）。目标消费群体的特征统计资料调研通常在住宅、现场（商店）和焦点小组环境中开展。

视线追踪、面试交谈、细致观察、角色扮演和场景测试都是理解人类行为的方法。通过文化偏好和差异来解读不同的社会阶层及其文化价值观，对于如何在包装设计中使用视觉和语言元素传达具有指导意义。

设计调研

设计过程的各个阶段都需要重点围绕设计策略来开展深入且具体的设计调研。这些调研内容可能包括收集消费者的见解、了解产品或品牌的背景和历史、探索零售环境、发现材料和结构的机会，以及从客户那里了解更多关于品牌的信息。随着设计策略的不断发展，开展更具体化的设计调研有助于找准提升设计效果的机会。收集各类滚动更新的可视化信息，包括杂志或报纸剪报、来自互联网站点的屏幕截图、颜色样本、纹理、图案、类型处理、图像、灵感标签和各类参考资料，这些将构建和支持有助于设计策略的视觉规划。

尽量不要尝试在现有的包装设计中寻找灵感，这样做太容易受到过度影响，以至于设计方案看上去要么是在模仿，要么是在抄袭。在制订设计解决方案时，当一个概念已被其他设计师有效开发完成时，要再从中找到独特的设计策略、设计风格或市场营销方向是极具挑战性的。相反，你可以尝试寻找其他设计灵感来源，例如：建筑、雕塑、美术、平面设计、珠宝设计、工业设计、时装设计，或者寻找历史上曾经流行过的设计风格来激发新的概念。这些具有广泛识别性与通用性的设计风格可以构建起一个坚固的平台，从而便于制订出设计策略。

调研是设计过程的一部分，版式风格、品牌特征、颜色调色板、图形图像、材料、纹理、结构和生产技术都是调研的范畴。调研的目的并不是为了简单地学会选择文字样式输入单词，而是为了能够在研究电子出版物和印刷出版物资源的杰出版式范例中启发灵感。

有效的设计策略建立在大量的调研之上。缺乏经验的设计师往往认为，广泛的设计研究需要耗费大量的时间，他们常常偷工减料地快速完成。如果没有足够的时间用于调研和寻找到足够强大且能激发设计策略的灵感，设计的作用就会被削弱。

零售市场调研

在店内、货架上和网络的不同零售市场中进行调研，其内容涵盖了对不同类别和相似类别消费者的调查分析。了解产品线的辨识方法、产品结构与材料的审查方式，以及如何寻求设计机遇和挑战，都有助于我们获得有关市场的知识。

了解消费者如何购买各种类型的产品，以及产品为何搁置、促销并被放置促销标签，所有这些因素都会影响包装设计在实现其市场营销战略目标方面的成效。因此，零售调研应在设计过程的每个阶段进行。如不了解零售市场，即便包装设计能满足其各方面所有的设计评价指标，仍然可能无法转化为消费者的购买行为。

零售市场调研可能包含的评价指标有：

- 货架的存在感
- 网上的易读性和可读性
- 传播的效果
- 易购性
- 市场竞争力
- 引人注目的程度以及期望值，包括品牌满意度、品牌忠诚度，以及与之相反的品牌偏见程度。

据估计，73%~85%的消费者购买决策是在销售点前做出的，包装设计在其中起着关键作用，因为包装设计往往是区分两种产品的唯一要素。包装使产品与竞争对手的产品相区别。

——维基·范·赫利（*Vickie Van Hurley*）博士，
梅杰公司（Meijer）包装设计总监

趋势研究

趋势研究被广泛应用于包装设计过程中。它被用来向客户提出设计策略，展示设计过程，为整个创意增加价值和可信度。

趋势是不断变化的潮流，将对消费者的消费行为产生影响。基于文化、社会、政治和经济等问题造成的宏观趋势将大规模且长期地影响到消费者们。微观趋势往往会在较小的范围内对消费者产生更明确或更具体化的短期影响。理解和利用好趋势，对于在过度拥挤的市场中开发出有效竞争的成功包装设计至关重要。

宏观趋势的研究主题有：

- 美容用品行业趋势（包括化妆品、香水、个人护理用品）
- 消费行为习惯趋势
- 时尚设计趋势
- 通用化设计趋势

- 全球艺术与文化趋势
- 家居产品趋势
- 环境与可持续发展趋势
- 科技产品创新趋势

微观趋势的研究主题有:

- 婴儿潮一代消费者
- 大学生活
- 色彩
- 便利性与便携性
- 文化
- 饮食问题
- 娱乐
- 环境
- 时装与饰品
- X世代，Y世代，千禧世代消费者
- 健康、保健和健身
- 创新
- 材料和结构
- 男性
- 自然
- 青少年和青年
- 城市与郊区生活
- 技术
- 女性

图2.35
威廉姆斯–所罗莫家具百货（Williams-Sonoma）的调味品专区货架组合。

包装设计的有效性研究

理想情况下，产品的包装设计需要进行定期评估，以确保这种设计能够满足不断变化的市场需求。虽然很难运用标准化的度量标准、评价准则或其他定量测量工具来精确地评估出特定包装设计的价值，但市场营销人员会审阅产品的销售数据，从消费者研究中收集和分析数据，进行全面的比较分析。这些研究工具有助于明确包装设计在达成市场营销目标和创造零售领域竞争力方面的效果。归根结底，把一个产品在盈利上的成败完全归咎于其包装设计也是不明智的。

许多变量因素影响着消费者的购买行为和决策（见图2.35）。从根本上讲，关于包装设计是否能够实现消费品牌的市场销售目标从而取得成功，市场营销人员、产品研发人员、产品制造商、包装材料供应商、包装工程师和包装设计师都在其中发挥着各自的作用（见图2.36）。

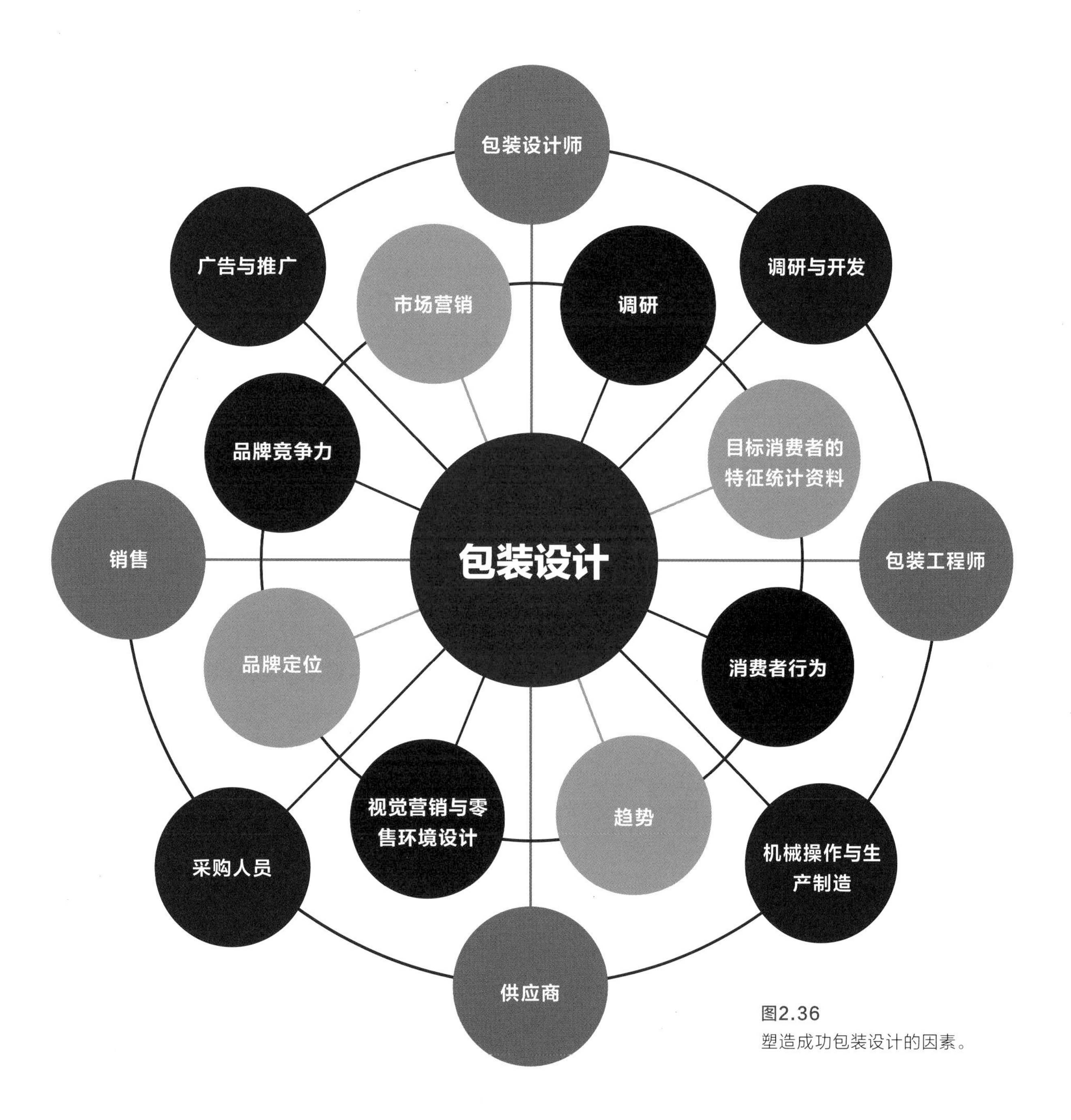

图2.36
塑造成功包装设计的因素。

3 包装设计要素

主要展示面

主要展示面也被称为基本展示区域（Primary Display Panel，简称PDP），是包装设计中为展示品牌识别和传播商品信息要素所预留的一块区域。无论包装设计的整体结构是什么样的，这个区域都被认为是最重要的。PDP是构成包装设计的关键画面展示区，因此它的大小和形状也都非常重要，在通过产品包装传播品牌的市场营销策略中，PDP起着至关重要的作用。在竞争激烈的零售环境中，包装设计的正面需要做到引人注目。

对商品的主要传播要素和辅助传播要素及各元素间相对重要性的了解，有助于确定它们在包装设计中的分配和布局。一般而言，主要要素包括经销商的基本信息与市场监管部门所要求必须包含的信息，或由市场营销人员通过评定最重要的传播目标所确定的要素。辅助要素包含所有的辅助性信息，如产品陈述或"具有感染力的文案"（用于连接消费者情感的动人短语）。

各要素在主要展示面中的尺寸大小、位置和相互关系要将基本设计原理以及将整体视觉营销战略中的分层体系考虑在内。一个成功的信息层次结构设计，将引导人们首先查看最重要的信息，随后是第二重要的，以此类推（见图3.1）。

PDP的主次要素可能包括品牌识别、产品名称或陈述、产品品类信息、具有感染力的文案和净含量标注。PDP上的各要素设计可以采用：字体排版、颜色、图像（如插图、照片、图形符号、图案和图标）、尺寸比例、形状和结构中的所有设计方式呈现。

优秀的PDP设计需要具备：

- □ 能够即刻、有效、清晰地传播市场营销战略或品牌战略的信息；
- □ 通过层次结构编排对信息进行强调，要条理清楚、易读易懂；
- □ 通过视觉能够直观地体现出产品的功能、用途及使用方法；
- □ 使产品在同类产品竞争中彰显该产品的特色；
- □ 使产品在该产品品类中既具有合理性又能表现出竞争力；
- □ 能创造出与合理的产品市场定价相一致的价值感知；
- □ 具有耐用性，在产品保质期与产品使用过程中能耐得住磨损。

图3.1

Irving Farm咖啡包装。

按主次原则组织PDP上的要素，这样信息就能很容易地被理解，并能被快速分辨出品种、分类和产品差异。

设计师：露易丝·斐莉（Louise Fili）

客户：Irving Farm

字体排版

Typography（字体排版）一词来源于希腊语字根“typos”（印记）和“graphein”（书写）。字体排版使用字体形式将口头语言转化成为可视性信息。由于字体形式的产生深受其文化背景的影响，因此作为视觉语言的字体排版也成为了文化的组成部分。

易读性（单个字母可以被识别和理解的难易程度）、可读性（文本可以被阅读和理解的难易程度）、阅读时间（人们阅读文本所需要花费的时间）、字体大小、形状和风格样式都是影响字体排版传达效果的重要因素。尤其值得一提的是，阅读习惯（从左到右还是从右到左）与个人的感知力，都会对字体排版的传达效果产生深刻影响。

在包装设计领域，字体排版是将产品名称、功能和其他至关重要的信息传播给广大消费者的重要途径。因此，字体排版也是产品视觉表达中的关键要素之一（见图3.2）。

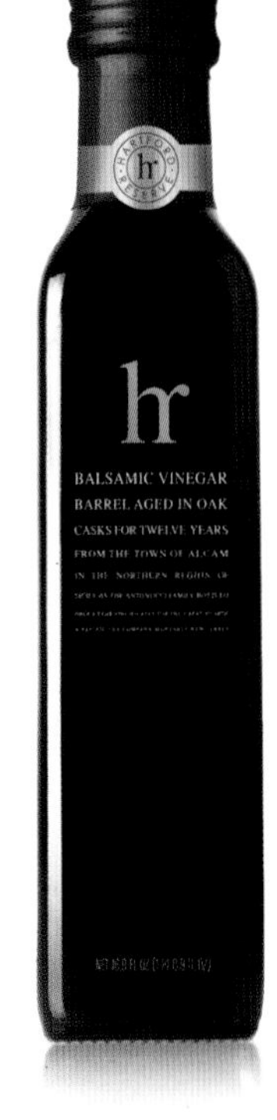

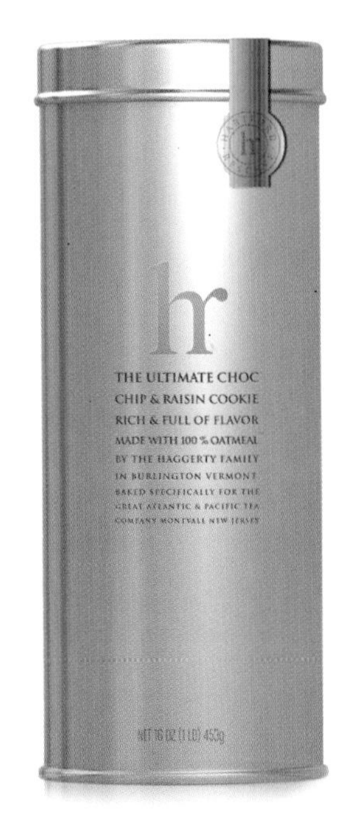

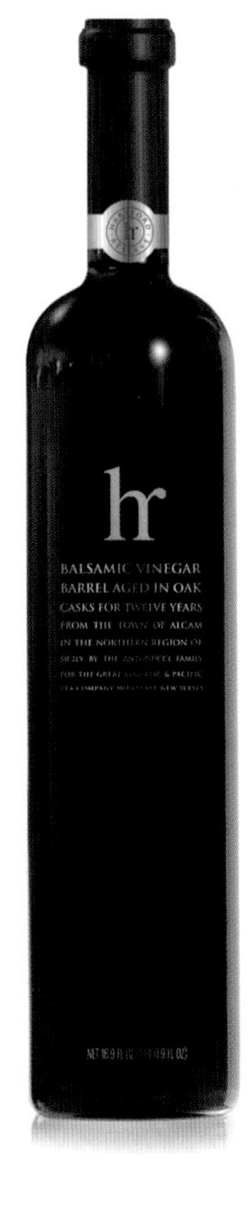

图3.2
hr美食系列产品包装。
设计公司：united*
客户：hr

字体排版的术语

字体排版一词最初是指印刷品的风格和外观以及字体从排列到印刷的过程。具有独立的、可移动的、可重复使用的特征，且顶部有凸起字母的金属块状，被称为铅字。每一块铅字包含一个由凸起的字母、数字或其他字符构成的印面，最终被浇铸成精确的尺寸大小。携带凸起印面的金属块被称为body（身体）。被涂上墨水用于印刷的凸起印面被称为face（面部），从而产生了术语Typeface（字体）。

Font与Typeface都是同样表达“字体”的术语，虽然它们在数字化字体排版中有着不同的含义，但大多数人习惯把这两个单词用作同义词。传统意义上，Font被定义为特定Typeface中一组具有单一尺寸和风格的完整字符集（例如，9磅Bodoni Roman）。

在早期的字体排版中，活字字符被存放在木制的托盘或字体箱里，这些托盘以一种标准的方式排列在排字工人面前，排字工人把相同类型的字符存放到一起：上档橱柜（upper case）的托盘里存放着大写字母，下档橱柜（lower case）里则存放着小写字母——这便是术语Uppercase（大写）和Lowercase（小写）的来源。

术语Style（样式）是指字体的粗细、倾斜度及其他特征。Roman（罗马体），Italic（斜体）以及Bold（粗体）都属于字体样式。Character（字符）是单个字母的印刷术语。

随着新兴科技的发展，基础的字体管理和编辑软件问世，只需在搜索引擎中输入诸如“温暖”“寒冷”“女性化”“粗体”和“细体”等关键词，你就能得到一长串与之风格描述相符的字体列表。得益于此，设计师们可以通过操控成千上万种可用的字体式样进行设计工作。虽然这些软件工具使得字体排版的风格分类变得更加简便易行，但设计师们必须多加注意，不能完全让科技左右设计工作，要充分发挥自己的专业才华做出决策。

字体的种类

对字体种类的了解，有助于设计师们发现不同字体样式类群间的相似点和差异点。掌握这些字体种类，设计师就能结合设计任务为正文、标题和其他文本选择合适的字体。如今，可供设计师选择的数码字体的种类繁多，风格迥异。理解字体的种类及其特性，有助于设计师在字体排版中正确选择字体。

Old Style字体：包括Times Roman、Bembo、Palatino、Goudy、Baskerville、Garamond和Janson。这些字体的特性有：

- 类似工整的手写字体
- 外表优雅
- 对比度较小（即笔画的粗细相似）
- 在一些小写字母上有倾斜的衬线
- 衬线体并带有过渡（笔画和衬线之间有弧线过渡）
- 主要笔画形状圆滑而不尖锐
- 更适用于长篇文本的字体排版

Modern Serif字体：包括Bodoni、Times、Fenice和Madrone。这些字体的特性有：

- 笔画的粗细反差极大，对比强烈
- 强调粗的竖直笔画
- 字体的衬线呈水平状，笔画和衬线的交接处成锐角、无过渡

Slab Serif、Egyptian或Square Serif字体：包括Clarendon，New Century Schoolbook，Memphis，Rockwell和Aachen。这些字体的特性有：

- 笔画的粗细几乎一致
- 强调竖直笔画
- 字体的衬线像厚的水平板

Sans Serif字体：包括Avant Garde，Gill Sans，Franklin Gothic，Frutiger，Helvetica和Futura。这些字体的特性有：

- 没有衬线
- x-height（英文字体中小写字母x的高度，即字高）比较高
- 笔画没有对比度，不强调竖直笔画
- 无论笔画的横竖，笔画的宽度都无差别

Script字体：包括Zapf Chancery与Edwardian Decorative。它们类似于手写或书法样式，大写字母较大——通常被用作文本段落中的首个字母，以首字下沉的方式出现在段落中。

Decorative字体：具有独特的装饰表现风格，并不是为了文本的可读性而设计。尽管装饰字体风格多样，表现力丰富，但另一方面则会显得时髦、花哨或过于矫饰，因此在包装设计中应慎用。设计师必须对各种字体进行认真筛选，根据视觉传达策略在字体排版中做出合适的选择。

图3.3
Sleeman Fine Porter啤酒包装中的字体排版细节。
设计公司: Dossier Creative
客户: Sleeman

字偶间距、字间距和行间距

术语Kerning（字偶间距）是指对于字母或其他字符之间的间距进行调整，以便使它们在视觉上显得更统一。Tracking（字间距）是指对单词之间的空间进行调整。Leading（行间距）是指文本中行与行之间的垂直空间。

在包装设计中，人们通常会选用较大的字号来突出重点传播信息，这样就会放大各字母间的空间尺寸。因此，字偶间距的调整在这里就尤为重要。在设计中，我们需要根据每个字母的特征，比较两个相邻字母左右边缘之间所形成的空白空间，也许就会发现其中空间大小的微妙变化。通过调整相邻字符之间的间隙，能创造出更为舒适的视觉效果。

同样的，文本排列所形成的“色块”，可以通过缩小或扩大单词之间的空间来调整其颜色的深浅变化。行间距的变化则会影响文本色块的轻重及其可读性（见图3.3）。

虽然多数电脑软件都有内置的字符间距调整系统，但是这种自动调整的间距并不总能创造出赏心悦目的视觉效果，或者说这不能提供最完美的间距效果。大多数图形软件（如Adobe Illustrator或Photoshop）、版式设计软件（如Quark XPress或Adobe InDesign），甚至文字处理软件（如Microsoft Word）都设有调整字间距的功能，设计师可以手动调整出最舒适的字间距。设计师们应当认真研究每个单词和字母，逐个解决字体排版中出现的字间距和行间距的问题。舒适的字间距会大大提升包装设计的视觉效果，有助于包装设计取得成功（见图3.4、图3.5）。

图3.4、图3.5

Open葡萄酒系列包装。

设计公司: Dossier Creative

客户: Open Wines

可以使用以下方法来判断和调整字间距。

1. 将单词倒置。习惯上，我们很难把读词（阅读）与看词（外观效果）区分开来，所以把单词倒过来看，可以让我们更客观地评估单词的外形，字母之间的正负空间形态就会显得更加清晰。这时，我们可以检查并调整每一个字母及其相邻字母之间的视觉关系。
2. 将文本贴到墙上，然后退后几步来审视它。因为受众往往会从远处观察到在包装设计中的文字，所以这样的评估方式至关重要。此外，当文本与你保持视角水平时，太紧或太松的字间距也会更加明显。
3. 眯起眼睛查看文本的整体外观形态，而不要只顾盯着调整单词。
4. 在调整字偶间距时，可对电脑屏幕上的字母两两进行先放大再缩小的审视。这种有助于观察字偶间距的方法与第2项审视文本的方法类似。

图3.6
Bob's Bitters苦味酒包装。
设计公司：Elmwood, Leeds
客户：Bob's Bitters

包装设计中的字体排版原则

适用于其他印刷媒介物的字体排版规则——例如字体大小、大写字母的使用、装饰字体的使用、对齐方式、行间距、字间距、字偶间距和连字符的运用，并不一定适用于包装设计。由于包装设计的字体排版是在一个三维立体的媒介物上传达营销信息，它通常最初是从远处被看到，而且在很短的时间内要被来自不同文化背景、社会地位和种族的人群看到，所以其排版原则往往会根据每项设计任务的具体情况而变化。

包装设计中的字体排版必须考虑：

- 在几步之外仍然清晰可读
- 根据包装三维立体结构的形状大小进行设计
- 不同的受众人群均可理解
- 对产品提供可信的描述，并提供相关信息

与其他二维平面设计的传达形式不同（如杂志和书籍等），包装设计中的字体排版形式并不依循固定程式，也不一定使用网格系统。版面的布局因具体的包装设计而异，并且总是由包括包装形状大小、产品说明、同类竞品、零售环境、产品在货架上的位置和各种规定性要求在内的诸多因素决定（见图3.6）。

以下基本原则为包装设计中的字体排版决策提供了框架。

原则1：对版面个性特色进行定义。字体排版形式必须彰显品牌个性和包装设计特色。视觉画面的个性特征，是使消费者感知包装设计不可或缺的组成部分。通过调研、实验，选择恰当的文本格式（包括字体、大小和笔画粗细），并制订明确的视觉传达策略可为此奠定基础。

原则2：限制使用字体的种类。到底需要使用多少字体才能传达出设计概念，对此要进行谨慎的考量。对于包装设计中的

主要展示面而言，通常最多采用不超过三种字体。有时，由于所需排版的文本种类实在太多，很难限制字体种类的使用。在这种情况下，最好选择那些在同一家族字体内有多种风格选择的字体（如窄体Condensed、扁体Expanded或斜体Italic等）。这样就能使外观保持清晰一致，使传达的信息始终具有统一感。

原则3：营造版面层次结构。版面层次，即视觉信息的布局安排，提供了如何按照重要性层级依次读取信息的框架。用这种方式，消费者一眼就能看出他们能从包装设计中“得到”什么。根据重要性层级对各种信息元素进行排序，然后运用例如布局、对齐、关系、比例、重量、对比和色彩等设计基本原则排版，就能创造出符合视觉传达目标的版面层次感来。

将相关联的信息归集在一处，同时增加与不相关信息间的距离，通过这种方式能创造出版面层次效果。当这些单词组合汇聚在一起时，它们就会在传达信息时被视为一个整体单位。包装设计中的字体排版布局应做到有的放矢，选择字体和版面布局应该与设计概念相协调。版面中的各个信息元素的位置布局要考虑到它们相互之间的关系——是直接、间接，还是毫无关联。

原则4：规划版面布局。规划版面布局是指每个独立的字、词和文本相对于其他设计元素在主要展示区域内所处的实际位置。

原则5：设定文字的对齐方式。对齐方式决定了字体排版布局的整体结构。不同的文字排列形式会形成完全不同的视觉传达效果，包装设计上的每个单词的对齐方式都要经过精心考量。包装结构的形状将决定版面布局的组织方式和文字的对齐方式。

基本的文本对齐方式有居中、左对齐、右对齐及两端对齐。

- **居中：**在主要展示面或一个特定区域内每个单词或每行文字都位于中央位置，对齐排版。
- **左对齐：**每个单词或每行文字靠左边对齐排版，常用于西方国家，基于他们从左到右的阅读习惯。
- **右对齐：**每个单词或每行文字靠右边对齐排版。当消费者需要阅读大量文本信息时，使用这种对齐方式排版就显得不太妥当。
- **两端对齐：**多个单词或数行文字拉伸到同一宽度排版，但此时在文本中也许会遇到字母和单词间距舒适度调整的挑战。

原则6：调整不同信息在版面中的比例关系。在字体排版设计中，成比例缩放通常是指字符点数尺寸的放大或缩小。在包装设计的字体排版中，它还可以指版面各元素相对于彼此之间的尺寸关系。例如，品牌识别（品牌名称、标志等）的尺寸通常比产品名称、描述和产品种类来得更大。主要展示面上的所有文本都必须按比例缩放到一定尺寸，以便人们可以在一段较短的距离之外仍能清晰阅读，这段距离即在零售环境中消费者与货架上的包装之间的距离。字体排版的比例缩放应该始终与包装的其他设计元素以及包装的整体大小相适合。调整字体排版的缩放比例能凸显出重点信息，因此，在设定版面布局和对齐方式的同时应考虑到字体排版的缩放比例（见图3.7）。

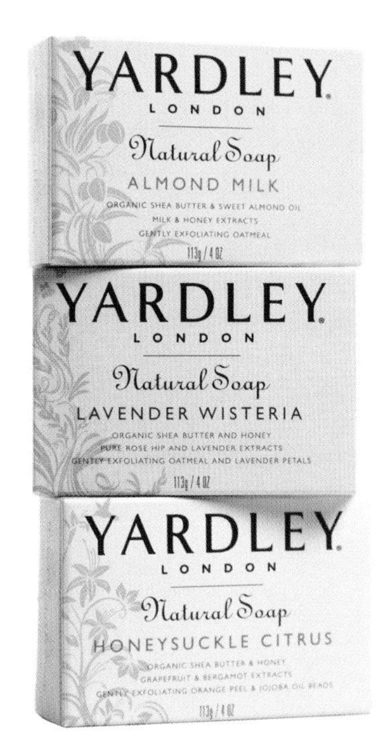

图3.7
Yardley肥皂包装中的字体排版。
设计公司：Little Big Brands
客户：Lornamead Yardley

原则7：尝试选用对比鲜明的字体。在呈现同等重要但又具有语义差异的文本（词或句）时，我们可尝试选用对比鲜明的字体。字体样式的反差——细体对粗体、斜体对罗马体，衬线体对无衬线体，可使设计师从消费者的角度组织信息并为版面增添趣味。为了使字体对比的效果明显，两个单词或两组文字必须看上去有明显不同，且让人感觉出这种差异是设计师们着意创造出来的。如果创造出的对比效果不易被人发现，那么这种对比也就毫无意义了。

原则8：加强字体排版设计的探索和试验。字体排版设计并没有硬性规定要遵循。对字体风格、字符、字母形式、连字符（西文中将两个或多个字符设计成一个字符的形式）、字距调整和版面布局进行大胆探索与试验是设计过程中的重要部分。这样，设计师才能够创造出更多独特的设计解决方案。试验也是锻炼创造能力的一种训练，各种创意的想法在试验过程中通过视觉方式具体表现出来。加强设计试验是促使设计方案逐步走向成功的关键（见图3.8）。

原则9：谨慎使用垂直方式排列文字。在包装设计中，文字通常不适合使用垂直方式排列。这种方式尤其不适用于西方国家，因为西方人习惯按照水平的方向进行阅读。此外，小写字母的上伸部分和下伸部分（即小写字母超出x字体高度的上下两部分，如b和d就包含上伸部分，g就包含下伸部分），在文字垂直排列时会显得有欠工整，从而降低文本的可读性。如果产品在货架中没有明确规定其垂直或水平的摆放方向，包装设计中的垂直文字会导致商品看上去变得混乱。但在某些个案中，这种设计方式可以有效地脱颖而出（见图3.9、图3.10），所以在决定使用这种设计方法时，一定要谨慎。

原则10：摒弃个人视觉偏好。由于每个设计师感知各种视觉元素的背景各不相同，所以非常重要的一点就是不要让设计师的个人偏好来影响字体排版。尽管有些设计师相信设计中的创造力来自直觉感悟，但专业设计工作不应依赖主观来解释设计方案，设计师应该对他们的设计策略以及字体排版解决方案作出合理的解释，并证明其有效性。

图3.8
Wheat Thins Stix休闲饼干包装在货架中的特写镜头。

图3.9
货架上的O-Live橄榄油包装。

图3.10
Fekkai Advanced Essential Shea高级护理化妆品包装。
设计公司: Creed
客户: Fekkai

原则11：打造专属字体。品牌名称和产品名称可使品牌与消费者从精神和情感上建立联系，所以其品牌字体和式样应该是该品牌独家专属的。品牌字体并不意味着要创造一整套全新的字体。我们可以以一种现成的字体为基础，对其字符进行调整或修改，这样就可以设计出新的字母形式、连字形式和字体形式。但是要注意，应始终维护原有字体设计的版权。

无论是修改单个字符还是整套字体，目标都是为了能创造出一种可让人轻松联想到某种特定产品或品牌识别的字体。市场营销商们纷纷意识到，字体的独特性往往是令品牌与众不同的关键（见图3.11）。

字体设计是一个非常专业的领域，这项工作应该交给专业人士来做。开发出比例精确的字体是一项耗时费力的艺术工作。字体设计师们煞费苦心地创造出一个个精美的字母，以便使整个字体库里每个字母都彼此完美搭配，以达到舒适的视觉效果。由于字库中有成千上万种字体可供选择，想要事半功倍，包装设计师们应该尽量避免自行创建字体，除非为了有意制造出某些特效，例如：彰显品牌个性魅力的手写字体。但在设计这类字体时，为达到舒适阅读的目的，应精心调整其字符间的比例和字距。

原则12：保持一致性。在个性、风格、布局和层次等方面的设计规划中，记得使用统一的字体，这样能在一个

图3.11
Znaps伏特加酒瓶。
设计公司：Amore
客户：Znaps

家族品牌或系列产品中体现出整体感，从而在货架上占据突出地位。此外，保持字体使用的一致性还有助于建立品牌资产，因为消费者会逐渐把某种字体风格与其相应的品牌联系到一起。

原则13：精益求精，以求版面的卓越效果。为使字体排版取得卓越效果，设计者需要对版面进行不断审视和优化。设计者可能需要耗费大量的时间来修缮品牌字体使之臻于完美。同样，设计中字体排版的每个细节也必须做到精益求精，包括字母的外形、字距调整、连字符号和版面的整体特色等。排版修饰的水平会直接影响到最终的包装质感。如果字体排版极具表现力，它就会对整个包装设计产生正面影响，能立即给消费者留下积极的印象，从而促成消费，那么这种字体排版就达到了最理想的效果（见图3.12）。

字体排版的主要应用领域

品牌识别：品牌或产品名称

品牌识别为品牌开启了视觉和语言的故事，给品牌和产品带来了生命。字体与品牌标志一起，为品牌视觉形象的建立起到了巨大的作用。品牌标志中通常会包含一些字体设计内容，设计者需要耗费大量的时间对其进行反复优化。从设计战略、概念发展、字体选择，到最终的设计解决方案，品牌标志设计往往是一项长期综合的工作，也是包装设计成败的关键一环。

虽然，在品牌识别设计中，字体设计的各项注意事项与在包装设计中并没有什么不同，但由于产品的个性特征是通过品牌标志来传达的，所以它给消费者留下的第一印象也是最持久的。既然在产品名称上已经投入了大量精力，我们就更应重视品牌标志的字体设计。笔画的粗细、字体高度、字符间距、字符空隙、连字符号、轮廓、颜色和符号都应做到精益求精。同样，品牌识别设计也应遵循设计的基本原则。品牌识别设计中需要人们额外考虑的因素还包括未来的延展应用、印刷规格、色彩组合方式以及带字体或不带字体的符号及图标的运用等。品牌识别设计标准手册可用来参考，它为品牌识别的各项应用提供了指导方针，并明确规范了品牌标志的使用方法。

图3.12
SKYN Iceland化妆品包装。
设计公司：Creed
客户：SKYN

在某些情况下，品牌名称和产品名称是相同的。通常来说，产品名称是包装设计中最关键的文字信息。就像人名一样，人们会把产品名称的字体特征与产品本身联系在一起，如同人们会把签名与本人联系在一起一样，消费者将产品名称视为产品的“签名”。因此，字体的选择、比例缩放、位置布局、配色方案和设计都应突出体现产品的个性特征（见图3.13）。

目前，全世界被注册使用的品牌名称已达到数以万计。为确保品牌名称可以合法使用，在选择之前，必须通过政府工商局和商标局进行彻底的名称查重。

图3.13
品牌识别:
Znaps
设计公司: Amore

Donovan's Cellar
设计公司: united*

Mina
设计公司: Monday Collective

Via Roma
设计公司: united*

Green Way
设计公司: united*

Hiro
设计公司: Monday Collective

辅助文案

辅助文案的布局和对齐方式要根据其他更重要元素的排列层次来规划。通常辅助文案会跟随在品牌名称或产品名称后。作为以文本形式供人阅读的二级文稿，在换行时要符合单词意群的逻辑划分，并且其宽度设置也要便于阅读，任何过长的文本行都应被适当缩短。辅助文案的字体选择原则是为产品名称进行补充或与之形成对比。

产品描述

产品描述通常会对产品或包装的内盛物品进行定义，并且对产品品种、风味、特色或者益处进行介绍。产品描述也可以用来突出强调新扩展的产品，这对营销策略的实施意义重大。营销商们使用产品描述文案来定义一系列产品之间的差异，并使他们的产品与其竞争对手之间创建可见的差异。一份独特的产品描述文案可申请商标注册。

有时候产品描述也作为辅助文案。依产品种类的不同，产品描述文案的处理方式也有很多种。但是其总是从属于产品名称和品牌名称，产品描述文案的字体排版设计通常会简单明了，因为这只是一种辅助性的支撑元素。如果产品描述被用于区分同一品牌系列产品中的不同产品品种或口味的差别，那么在其字体排版设计的处理上要考虑从属于该系列产品的系统性，并做到在相似中带有区别。

渲染性文案

渲染性文案有时被称为“推销文案”，其作用就如其名称一般，会热情洋溢地渲染产品的独特之处。渲染性文案就是文本中讲述故事的部分，其定位和设计导向也要依附于这种功能。通常在排版时，渲染性文案的字体要小于包装主要展示面上其他部分的字体，并且其位置也会与品牌名称和产品名称分开独立布局。产品的个性特征以及包装的尺寸大小常常决定了渲染性文案的排版方式（见图3.14、图3.15）。

图3.14

Global Organics有机食品包装。
设计公司：Asprey Creative
客户：Global Organics

规定性文案

全世界监督消费品标签的管理机构不计其数。标签管理规定涉及食品、饮料、保健产品、非处方药、医药品、机械和其他许多产品门类。这些管理机构会着眼于文本的可读性提出各种建议，并针对具体产品门类制定强制性的信息标注要求。

图3.15
Thistle Hill红酒标签（背面）。
设计公司：Dossier Creative
客户：Thistle Hill

在美国，针对食品、化妆品、药品和用于人体吸收或局部使用的产品，美国食品和药物管理局（FDA）就其包装上必须包含的所有规定性文稿的尺寸和位置安排确定了指导方针。营养信息、成分、重量、尺寸和产品个数都是明令规定和监督的项目，它们呈现的方式也受到监管。其他监管机构，如美国农业部（USDA）和烟酒枪械管理局（ATF）也要求在包装上提供信息和警告字样。

字体规格都要到规管部门记录在案。在包装设计投入生产之前，应由一家法律权威机构对上述信息的设计进行审批。

营养成分表：可使用任何清晰的字体格式，不仅限于Helvetica字体。“营养成分”这一标题必须采用营养标签上的最大字体格式。具体营养成分的信息文本字体必须大于8磅，小于13磅。对于营养成分信息表中央那二条分割线的宽度并无明确规定。该字体排版设计的字间距可调整到-4%（甚至更紧），但是切记，过于紧凑的字间距会影响可读性（见图3.16）。

净重、计量和净含量表：净重或净含量表示包装中产品的数量。在美国，其字体大小必须符合食品和药物管理局（FDA）在包装和标签指南中列出的相关规定。通常这类文本说明位于包装底部或包装侧边。其字体大小应大于3毫米高度（如果该文本在主要展示区内采用左对齐或者右对齐的排列方式的话）。

字体格式应清晰明显，便于阅读。字母高度不应超过其宽度的3倍，且印刷字体应与背景构成足够鲜明的对比，以便增加可读

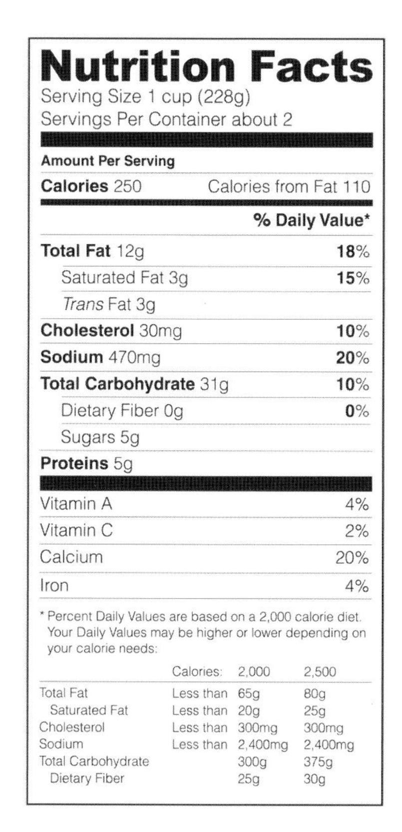

Nutrition Facts
Serving Size 1 cup (228g)
Servings Per Container about 2

Amount Per Serving	
Calories 250	Calories from Fat 110
	% Daily Value*
Total Fat 12g	**18%**
Saturated Fat 3g	**15%**
Trans Fat 3g	
Cholesterol 30mg	**10%**
Sodium 470mg	**20%**
Total Carbohydrate 31g	**10%**
Dietary Fiber 0g	**0%**
Sugars 5g	
Proteins 5g	
Vitamin A	4%
Vitamin C	2%
Calcium	20%
Iron	4%

* Percent Daily Values are based on a 2,000 calorie diet. Your Daily Values may be higher or lower depending on your calorie needs:

	Calories:	2,000	2,500
Total Fat	Less than	65g	80g
Saturated Fat	Less than	20g	25g
Cholesterol	Less than	300mg	300mg
Sodium	Less than	2,400mg	2,400mg
Total Carbohydrate		300g	375g
Dietary Fiber		25g	30g

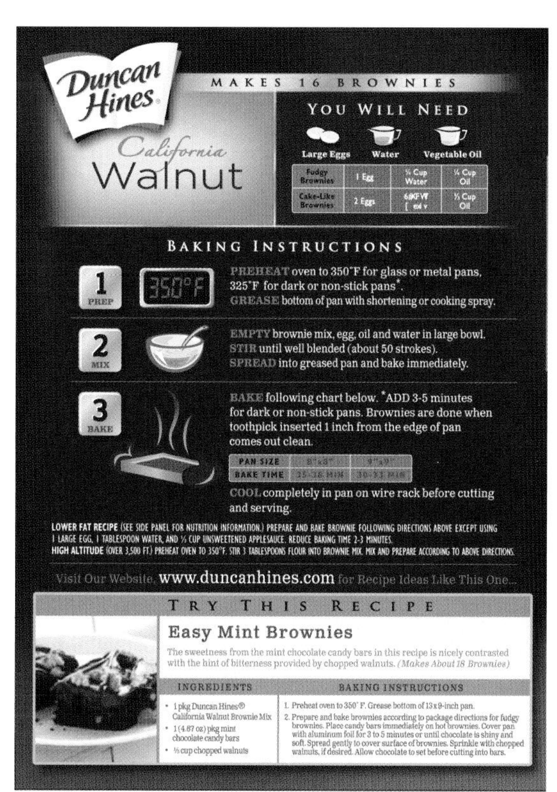

图3.16
营养成分表。

图3.17
Duncan Hines巧克力酱，包装盒背面设计。
设计公司：Zack Group
客户：Pinnacle Foods Corp.

性。说明产品净重或净含量的文本位置在排版时应与总体的布局设计相协调。一般来说，如果主要展示面板的布局基本上是居中形式的话，那么净重说明也应居中；如果基本设计格式是左对齐的话，那么该文本的对齐方式也应以此为参照。有些情况下更可取的做法则是把该文稿分为两行，并安置在版面的左右下角。不应在包装设计完成之后才想起对这些文本进行设计和布局，或者随意为之，应像对待其他视觉元素一样认真考虑和设计（见图3.17）。

成分说明：成分说明必须采用同一种简单易读的格式在白色或其他中性对比颜色的背景中，用全黑或单色的字体印刷，大写或小写均可。重要的信息说明一般比其他信息的字体尺寸大一号，且必须调整好各字母的间距，避免其互相接触。

对于小店食品、餐馆提供的食品、送至顾客家中的即食食品、熟食类食品、烘焙类食品、不含有显著营养成分的食品（如咖啡和大部分调味品）、新鲜农产品以及包装标签上标有“本产品不可再销售”字样的散装食品，也有对其进行规范管理专门适用的标签及使用规定。任何参与消费品包装设计的人员在工作中都应该查阅有关管理机构提供的具体监管信息。

图3.18
Cucina di Carla的新鲜速食意大利面包装。
设计公司：ANTHEM!
客户：Cucina di Carla Fresh & Fast /Carla's Pasta

在字体排版设计时，请考虑以下问题（见图3.18至图3.21）：

- 尺寸、比例、字偶间距、字间距、行间距、对齐方式和各层次结构之间的关系
- 混合字体的编排（寻找到适合的互补风格的字体）
- 在同一个家族字体中含有多少种不同的可选字体
- 如何使用数字、标点符号和字形为设计增添质感
- 如何在画面中创造节奏、平衡、对比和张力

字体排版与技术

科技改变了包装设计，其中也包括字体排版设计。专职的排字员已不复存在，于是设计师的专业领域随之扩展到了字体排版的工作。随着电脑在全球的广泛应用，设计师能够轻松获取数千种字体格式。但如果设计师缺少对字体风格、字形特征、有效视觉传达与排版方式的精进研究，那么会缺乏字体排版设计的能力。

在包装设计中，保持前后一致的高品质印制是十分重要的。因此，在设计中你应选用高品质的字体。高品质的字体能够提供完整的字母系列和字符系统，包括不同的粗细（例如细体、常规、粗体、特粗体等）和不同的风格（例如罗马体、斜体、窄体、宽体等）。字体必须经过数码技术的完善处理、拥有理想的屏幕表现效果、激光打印成品质量无可挑剔并且在复制生产后依然能保持卓越品质。字体的细节处理上，包括形状和外围线条，都不应有断点或破损，且该字体在屏幕上的清晰度必须始终与打

图3.19
落基山巧克力工厂(Rocky Mountain Chocolate Factory)巧克力包装字体排版设计细节。
设计公司: Dossier Creative
客户: 落基山巧克力工厂

图3.20
落基山巧克力工厂Apple Pack包装。

印清晰度保持一致。需要特别注意的是，虽然有些字体看上去好似原始的经典字体（Bodoni、Garamond和Caslon），但它们许多都是经过复制、修改和重新设计的。虽然价格可能会实惠，但通常质量较差，因此并不是提供给客户的最佳选择。

图3.21
Hiro米酒，隐喻“英雄”的字体风格。
设计公司：Monday Collective
客户：Hiro

时刻关注所有设计项目中的可用字体范围的做法未免太耗时费力。因此，创建并打印一份字体资料库，不失为一种方便取用字体的好方法。使用字体管理软件对于建立电脑字体设计资源档案至关重要。设计师在设计品牌或产品名称的字体时，往往会先选择一款自己最钟爱的经典字体，以此为基础，加上自己对字体设计的灵敏感受，充分发挥创意和创造精神，最终产生设计方案。

字体排版设计的要点

- 字体排版设计中的各种问题都没有直截了当的答案，要想创造出最恰当最成功的设计方案，需要进行广泛尝试。
- 时间就是金钱，不要浪费时间在几百种字体中寻找符合设计标准的字体，只需找到符合设计要求的几种字体即可。
- 选取一种字体，然后对其进行改进，以便使其满足包装设计的标准，进而创造出一种独一无二、具有独家所有权的品牌标志。
- 娴熟的字体排版运用能力来自挑选恰当字体的眼光，巧妙的设计策略以及对字符间距、空白布局、连字符号、字体大小、对齐方式、定位、比例、构图、色彩、对比和画面处理等细节问题的关注。
- 可调整x-height高度（基线与小写x和类似字符顶部之间的距离）以便获得更加鲜明的对比度。
- 始终检查字符间距，设计师要亲自检查，使字母间距达到完美状态，而不能只依赖于电脑。
- 正确的拼写和语法是信息传达中的关键。使用拼写检查，默读或高声朗读文稿，然后逐字逐词查找错误。

色彩传达

哲学家、科学家、研究员和教育家们都曾研究过人类观察色彩这一复杂的活动。著名生物学家尼古拉斯·汉弗莱（Nicholas Humphrey）认为，人类感知色彩的能力（例如看见余烬闪耀的红光）是为了满足人类的生存需要而进化出来的。[1]在包装设计中，产品在货架上的生存法则，很大程度上取决于其包装设计的配色。

在大脑意识到以各种形状存在的影像、符号、文字或其他视觉元素之前，人眼最先感知到的就是颜色。看见颜色是一个复杂的过程。光线在被视网膜吸收后，就会向大脑发出信号。物体、形状和影像都是通过光线记录在我们的大脑里。根据美国国家标准局估计，人类的眼睛可以分辨出超过一千万种不同的颜色。色彩视觉和对数百万种颜色的感知，取决于不同波长的光线按不同量比相互混合所产生的结果。

色彩系统是基于以透射光和反射光两种形式存在的色彩。透射光使人感知到亮度，所以创造出这种颜色的明度的就是这种光。反射光是我们看到物体表面颜色的方式。物体本身并不能发光，但其表面会吸收光线或反射出光线。绘画和印刷品通过反射在诸如色素、墨水、染料和墨粉等物质的光线来产生颜色。

太阳光是衡量各种颜色的标准。在日光下，颜色总是会依随光源的变化而变化，所以自然光就如颜色本身一般短暂易逝。颜色一直在变，因为光线的性质一直在变。

色彩术语

理解色彩术语有助于我们就色彩问题进行有效交流。颜色的多样性被称为“色相”（hue）。“颜色”（color）和“色相”这两个词通常可以互换使用，但“色相”通常是指各种颜色相互区别的物理特征。“色谱”（color spectrum）是光线通过棱镜折射后根据波长分布而形成的图像。在色谱中，人们认为颜色是类似于以下一种或两种色相的混合体：红、橙、黄、绿、蓝或紫。黑、灰和白被认为是中性色。浅色就是一种纯色与白色混合的产物，而深色就是一种纯色与黑色混合的产物。“饱和度”（saturation）是指颜色的纯度或强度。颜色的强度或鲜明度被用来定义颜色中的色素是否饱和。颜色的明暗程度就是指它的“明度”（value）（见图3.22）。

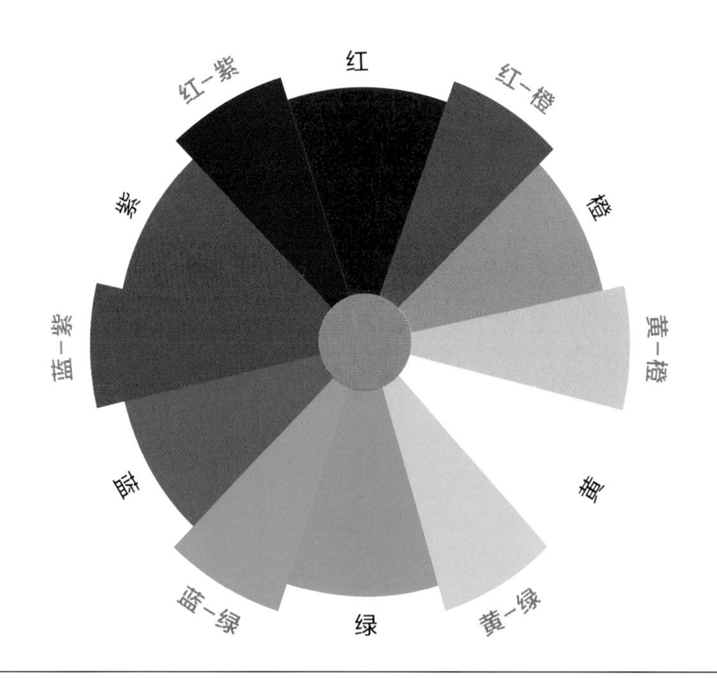

图3.22
色环。
传统的色环分为三种原色和三种间色。在色环上彼此相对的两种颜色是互补色。

1 汤姆·波特（Tom Porter）、拜伦·麦克里德斯（Byron Mikellides），《建筑色彩学》（*Color for Architecture*），伦敦，Studio Vista出版社，1976年，第95~98页。

色彩的联想

由于人们会将特定的颜色与特定的情绪或感觉联系在一起，所以颜色可以与人进行心理层面的交流。这种色彩联想决定了每个人对物体或其周边环境的感知。虽然生活于相似环境中的人们在色彩联想方面有一些共同点，但是每个人对色彩的反应都会受到文化背景及其所在社会对色彩的诠释方式的影响。一般来说，颜色的含义会随时间而改变，但对于地域相近、文化相似的消费者来说，颜色的基本含义仍是一致的。

在包装设计中，红色通常被作为一种吸引注意力的手段来使用。红色，作为色谱中的一种暖色，它可以象征热量、爱、火、激情、兴奋、攻击性、警告和能量。红色可以使人心跳加快，血压升高。红色可以象征口味的浓烈（烧烤味、辛辣味），也可以象征草莓、山莓、苹果或樱桃的果香。在中国，红色还象征着好运、繁荣和幸福，是传统新娘礼服选用的颜色。

与红色相似，橙色往往与太阳的温暖、能量、活力、热情、冒险精神、振奋快乐和满足感联系在一起。橙色可以在一个产品门类中象征一种强大而富有活力的品牌，却又在另一个产品门类中表达一种刺激性、辛辣或果香的口味。

黄色象征着生命、阳光、温暖、理想、活力和情趣。黄色是一种积极的颜色，常被用来表达希望（正如歌里唱到的："Tie a yellow ribbon round the ole oak tree ..."），但同时也能表示危害或危险。黄色可刺激眼睛，事实上它是色谱中最富刺激性的颜色。适量使用黄色可达到吸引注意力的最佳效果。在食品领域，黄色常用来表达柠檬或黄油、阳光、有益健康和来自农场的清新感觉。在家居用品领域，黄色既可表示高效性能，又可作为警示颜色。在一些文化中，黄色带有怯懦和欺骗的负面含义。

绿色象征着返璞归真、宁静安逸、生命、青春、新鲜和有机物或可持续性。绿色通常意味着循环回收、复兴、自然和环境的概念。绿色还意味着行动力、好运、金钱和财富。作为公认的最能令眼睛感到舒适的颜色，绿色有一种镇静的效果。许多产品门类的设计中都使用了绿色，以便传达出放松惬意、平和舒适的感觉。另一方面，绿色则又象征嫉妒（因此有"嫉妒得脸色发绿"这一说法）。在许多文化中，绿色意味着"可以通过"。当用于食品包装时，绿色可以代表薄荷口味、酸味、青苹果味和酸橙味。近年来，受装饰业与时尚业潮流的影响，消费者对绿色的偏爱有所增加。在竞争激烈的市场中，越来越多的商家开始采用绿色包装设计来传达产品的健康效益，暗示其对环境保护和可持续性的关注。

蓝色可以象征权威、尊严、忠诚、真理和智慧，但也代表沮丧、悲伤和孤独。蓝色能够传递出自信、力量、保守主义、信任、稳定和安全保障，还可以表达一种祥和、放松的感觉（天空的蓝色）或具有一种发人深省的效果（人处于情绪低落的状态常被称作"having the blues"）。从富饶多产和实力强壮到宁静感和放松效果，蓝色家族的色彩范围传递出的感觉也是各有千秋。在西方文化中，蓝色是男女都非常崇尚的颜色，而在美国文化中，蓝色通常代表男性。在中国，蓝色则与永生不朽联系在一起。蓝色也可被用来与红色构成对比或者搭配使用。

纵观历史，过去要从自然界中获取紫色颜料总是非常困难。事实上，紫色这个词来源于拉丁词purpura（荔枝螺），该词也指从这种海螺所分泌的黏液腺中提取着色剂。因此，紫色是稀有且昂贵的颜色，主要由富有的贵族阶层或高级教士们使用。紫色象征着精致、皇族气派、奢华、繁荣、睿智、灵性、感性、神秘、激情和勇敢（如紫心勋章）。最深色调的紫色可带来宁静祥和之感，但同时也可象征着抑郁消沉和黑暗。对于治疗类以及健康相关的产品来说，紫色可以代表身心和精神层面；对于食品类的产品来说，紫色则传达出浆果类口味，如葡萄味和蓝莓味。在以年轻人为导向的产品领域中，包装设计中的紫色可彰显出新鲜、异域风情、愉悦、大胆尝试的概念，因为紫色就位于两种原色之间：暗含保守之意的蓝色和体现刺激感觉的红色。

黑色象征着坚强结实、值得信赖、始终如一和睿智，而且可唤起人们对于力量的联想。在时尚界，黑色代表着大胆无畏、干练时髦、严肃庄重、质优价高、典雅端庄和精致奢华，因此黑色被视为一种经典颜色。黑色在产品设计范畴可以传达严肃和可靠的形象。在包装设计中，黑色可用来提升其他颜色的视觉效果，从而令这些颜色"跃然"

出现在消费者的视野中。黑色可营造出一种深邃感，并传递出力量和清晰感。在西方文化中，黑色可以是代表悲伤绝望和沉痛哀悼的颜色，而且会与邪恶联系在一起（如黑暗魔法）。

白色象征纯洁、清新、纯真、洁净、有效、真诚和现代感。白色也暗示着白雪或寒冷的感觉。白色将光线反射，从而令周围的色彩跃然呈现出来。白色还一直是医药产品包装设计领域的主导颜色，因为白色可以代表药品的有效性；由于白色与纯洁紧密联系，它还是乳制品领域的首选颜色。随着人们越来越关注货架效果和市场的影响，白色的使用已呈现出下降趋势。在奢侈品包装设计中，白色可体现富有和经典之感，但也会因为显得过于普通而缺乏表现力。在西方文化中，白色象征着纯洁，并且是新娘礼服的颜色；然而，在中国传统文化中，白色则代表哀悼。

色彩凸显包装个性

颜色是包装设计中最具影响力的因素之一。消费者更喜欢先识别出包装或产品的颜色，再识别其他视觉特征。色彩能够凸显出一种产品的个性特色，吸引消费者去关注它的种种品质特征，进而使该产品在纷繁复杂的零售环境中与竞争对手相区别并脱颖而出。消费者做出购买的决定常常取决于商品的配色。

颜色可以用来代表制造商或品牌。它会传达出文化、性别、年龄、种族、地域和价格等元素，也会彰显出各种画面元素和文字元素。只要使用方法得当，颜色就能有助于产品在同类产品中脱颖而出，并且能够区分出同一产品系列中的不同成分、口味或香味的各个品种。颜色被当作一种能对消费者的潜

图3.23
Help Remedies药品包装。
设计：Help Remedies
客户：Help Remedies

意识起到影响作用的营销工具。它可以吸引消费者的注意力，使眼睛得到放松或受到刺激，从而有助于产品、服务甚至室内空间设计在消费者市场获得成功。在包装设计中，选用正确的配色可以帮助商品在市场中销售成功（见图3.23、图3.24）。

经过多年发展，包装设计的色彩逐渐开始成为对消费品种类进行定义的一种手段。个人护理、健康和美容产品领域，普遍采用的都是一些柔和的颜色，如粉红色、紫色、冷蓝色、绿色以及各种中性色，包括各种深浅的黑色、灰色、茶色和奶油色。超市里的意大利面货架通道两侧则摆满了各种蓝色的盒子和贴有红色标签的酱汁瓶罐。在谷物类食品领域，包装设计则总是采用各种原色，以便即刻吸引起那些青睐大胆色彩和形状设计的年轻消费者们的注意。此外，红色、蓝色和白色已被广泛用于乳制品区。

油墨技术的发展也为包装设计吸引消费者的注意力提供了有效支持。各种霓虹色、全息箔覆层以及其他创新的印刷技术为各种用于引起消费者注意的包装色彩增添了更多的魅力。

图3.24
Help Remedies药品陈列架。

品牌的建立与色彩

在过去的十年里，各种消费品牌层出不穷，这或多或少对色彩的联想产生了影响，单一的颜色已很难代表某种产品品类。许多品牌以前只包括十几种产品，可如今旗下产品种类已多达几千种。随着品牌家族的这种爆炸式增长，要区分同一产品系列下的各类花色品种并且使系列产品在同类竞争中独具特色，就需要更多设计色彩的辅助。此外，消费品的市场营销活动如今已跨越各个大洲，各种品牌更是急需对其产品的颜色在全球范围内进行统一，以便确保在面对不同消费受众时，该品牌的形象能够始终如一地通过特有的颜色设计而得到诠释。

与服装设计和室内设计相似，包装设计也需要协调的色彩搭配方案来提升效果。色彩搭配方案各异，有的相互补充，有的相互对比；有的色彩相近或采用单一色调；有的占据主导地位，而有的则隐于背景之中。各式各样的色彩搭配方案都有助于凸显产品和信息。强调色（accent color）可强调产品的口味、成分、香味或产品的其他花色，从而引导人们将注意力集中到包装设计中的关键区域（见图3.25）。

许许多多的消费品都是通过其包装设计上的色彩被消费者认识的。颜色是建立产品个性或品牌识别的重要因素之一。当所使用的颜色能起到与众不同的效果，并受到消费者的认同且被用于识别品牌时，这个颜色就成为了包装整体“商业外观”（trade dress）的一部分。颜色、尺寸大小、形状、画面结构以及设计的其他不具实用功能的部件都可进行商标注册。这样一来，它可以有效防止其他竞争对手侵犯产品的商业外观。既然消费者们普遍通过颜色来辨别各种包装设计，那么颜色的“所有权”就可以用来永久区分产品（见图3.26至图3.29）。

图3.25
产品运用包装的色彩在护发类产品中建立品牌。

图3.26

Connoisseur Gourmet冰淇淋包装。
设计公司: Asprey Creative
客户: Global Organics

图3.27

Fekkai高级洗发水包装。
设计公司: Creed
客户: Fekkai

图3.28
Tonic Health Shot保健产品包装。
设计公司: Little Big Brands
客户: PurBlu Brands

图3.29
Casoya Soy Enlightenment
香薰蜡烛产品包装。
设计公司: Creed
客户: Casoya

颜色会对每种品牌的“货架效果”（shelf impact）、显眼程度和购买可能性产生直接影响。就可见度而言，研究一致表明，“品牌阻碍效果”（brand blocking）（通过持续使用同一种颜色的包装设计）有助于提升品牌在货架上的效果。显眼程度（可被消费者主动考虑的可能性）和注意速度（在货架上同类产品中抢占视觉上的优势地位的可能性）也适用于上述理论。

然而，与人们的普遍观点相反的则是，在零售领域中，没有任何一种固定颜色总会比其他颜色更加显眼。这是因为显眼程度是色彩对比的结果。例如，泰诺（Tylenol）的鲜红色包装如果放在Advil止痛药蓝色包装的旁边时，便会脱颖而出；但如果放在布洛芬（Motrin）的鲜橙色包装（或放在效仿该产品配色方案的商店自有品牌包装）的旁边，那么泰诺也许就会完全融入其中，隐入背景之中。换句话说，如何选择有助于提升货架效果的“正确”颜色，取决于其所处的环境。

让事情变得更为复杂的是，颜色的一致性虽然有助于提升品牌的货架效果，但也可能会削弱该品牌旗下各产品间的相互区别，继而减少顾客购买的可能性。毫无疑问的一点就是，人们的确根据颜色进行购物（例如“我要找那个黄色的袋子”），颜色编码是区分不同口味或花色品种最有效的方法（见图3.30）。

——斯科特·扬，“突破杂乱”，《包装设计》（*Package Design*），
2005年7月~8月，第58~61页

图3.30
冷藏食品柜中的色彩。

色彩预测与潮流趋势

颜色的含义以及人们对颜色的喜好会随着文化潮流的变迁而变化，而且人们可以像预报天气一样预测色彩的趋势。时尚服饰业、家居用品行业、汽车产品行业既是色彩潮流的引领者，又是色彩趋势的追随者。

色彩潮流的形成是全球各地社会、政治、经济、技术和文化等诸多复杂因素综合影响的结果。色彩是决定销量的一个关键因素，所以色彩预测就显得至关重要。预测者会确定某些特定颜色，并预测说这些颜色将会影响消费品行业的产品销量。美国色彩协会、色彩营销协会和彩通（Pantone，曾译作“潘通”，该品牌进入中国后的官方译名为“彩通”）色彩研究所都是领先的色彩预测机构。

彩通公司是全球领先的色彩权威机构。该公司的创始人劳伦斯·赫伯特（Lawrence Herbert）曾开发出一套颜色管理系统，从而可以精准地确定、匹配、传达并生成准确的色彩。彩通为世界各地的设计师提供有关色彩配方的公式指南、系统和图表。彩通配色系统是一种能够精确展示数千种打印色彩及其配置方法的标准化色彩传达系统。由于该系统可以精确地确定和匹配色彩，所以设计师们和印刷商们都乐于使用这一系统，以确保色彩在工作过程中表现一致。

在消费品的包装设计中，为了确保一件包装设计的色彩符合时代潮流，设计师必须对色彩潮流极为了解。然而，另一方面他又必须审慎考虑来自时尚行业或者其他产品设计领域的流行色，因为这些颜色的流行时效也许非常短暂，在流行一两季以后就会销声匿迹。人们会对包装设计的色彩做出反应，且这种反应不同于其他设计因素的影响。

在一个品牌旗下的产品系列中，各种色彩的应用和相互协调都应满足特定的市场目标。品牌虽然可以借鉴时尚潮流和其他国际性色彩趋势作为包装色彩选择的指导方针，但也要兼顾消费者在不同的零售环境下所表现出的不同的购买行为，而且包装设计的使用时间和产品在货架的生命周期也与时尚产品的持续时间有很大差异。消费型产品必须能经受更长时间的考验。对基础色彩科学、色彩理论、人类的色感和消费者行为等诸多方面增加了解将会有助于人们做出恰当的色彩选择。

色彩匹配的挑战

保持电脑屏幕上显示的颜色与印刷色彩一致总是一种充满挑战的行为。同一种颜色不仅会因为电脑屏幕的不同而产生不同的显示效果，而且也会因具体颜料、材料和物体的不同而发生变化。各种染色物体和印刷品的表面总是吸收和反射光线，而电脑屏幕则是传输光线。电脑屏幕上的颜色和印刷对象上的颜色具有不同的属性，同样的颜色也会有不同的感知。电脑屏幕，像电视一样，通过结合红色、蓝色和绿色（即RGB）的三原色发光模式来产生颜色。印刷机则是通过使用一组不同的反光色彩模式：青色、品红色、黄色和黑色，即CMYK颜色来接近还原屏幕的颜色。电脑显示器与印刷机的生产商们总是不懈努力地试图在整个设计过程中，确保设备颜色的精准度和一致性。尽管如此，电脑屏幕的色彩与印刷品上的色彩总是存在属性上的差异，即便是高质量的印刷机也无法产生完全相同的屏幕显示色彩。

由于桌面打印机无法像高端专业印刷机那样精确地打印颜色，所以稿件在打印输出时必须与色样进行比对。应针对选中的彩通专色进行打印测试，这样就能掌握在不同打印设备上印制出最接近所选颜色的方法。

设计师提交给客户并获得客户认可的包装设计概念中所采用的色彩，就是客户期望在最终的产品包装上所看到的颜色。虽然包装设计中的技术、工艺和材料都在不断发展，但是要使色彩在设计应用和生产过程中保持高度一致的匹配，依然是一件充满挑战的重要工作，在设计过程中必须不断对色彩进行调整和校准。从最初的设计概念到最终的印刷成品，设计色彩都必须始终保持效果一致。

要对产品开展包装设计，就必须了解该产品所投放的零售环境将会如何影响包装设计上的颜色。例如，包装设计的颜色会受到商店内部照明的影响：天花板的高度，货架过道的照明，光线的质量（昏暗的、明亮的，还是黑沉沉的），使用的是荧光灯、白炽灯还是彩色灯，所有这些因素都会影响消费者对该种颜色的感知。因此必须在实际零售环境中对包装设计进行评估，这样才能确保其颜色效果的准确性。

有关色彩传达的要点

- 将色彩作为体现设计个性的重要工具
- 在品牌的各个产品系列及其包装结构、材料和衬底上统一运用一套彼此协调的色彩搭配方案
- 将电脑显示的颜色与最终印刷材料上的指定颜色进行比对

图像传达

如果在包装设计中对图像使用得当，便可以创造出令人难忘的视觉体验，及产生可识别的触点。时尚、别致、现代、鼓舞人心或意想不到的图像风格更能引起消费者的兴趣。在阅读文字之前，消费者们往往先注意观察到的是包装的画面。

图像的有效使用

插图、照片、图标、符号和字符可通过多种风格加以体现，且每种风格都能创造出一种丰富的视觉语言，并构成多种视觉刺激因素。图像可以简洁明了，从而让人迅速体会到一个设计概念；图像也可以错综复杂或者作用于人们的潜意识，令观看者无法在短暂时间内完全理解其中的深奥含义。想象一下不同视觉画面所传达的感官体验：风味、香味、口味、温度（包括辛辣食物给人的味觉冲击），都可以在包装设计中通过视觉方式传达出来。

产品中的“人物角色”可以运用插图和摄影的表现手段来传递。包装设计上的人物角色可以成为主要展示面上具有鲜明特征的主角，成为设计元素层次的焦点，成为品牌的化身。

图像效果的优劣取决于其是否可以直接、恰当地传达出品牌个性和具体产品特征。食欲诱惑力的创造（食品包装设计），对人们生活方式的体现，对内心情绪的暗示和对产品使用方法的说明，这些途径都是图像塑造包装设计个性的方式。

一份有创意的营销简报（用来描述公司对项目目标和结果的期望的文档）可以描绘出客户最终想要实现的目标。以客户在简报中提出的战略目标为根本，对图像开展广泛的创意探索和提炼，这样既可以有效支持设计概念，又可以把可选图像缩小到一定的范围以内。这个过程应该考虑到图像的裁剪、渲染和着色的不同方式，这是确保所选的每个图像不仅符合产品的个性，而且还能在不同的消费市场上进行有效传播的重要步骤（见图3.31至图3.36）。

著名食品摄影师亚伦·雷兹尼（Aaron Rezny）以拍摄邓肯·海恩斯、家乐氏和纳贝斯克等品牌的包装而闻名。亚伦·雷兹尼说：“在包装设计中，照片拍摄的优劣区别在于它是否表达了自己的观点。”

图3.31

图3.31至图3.36
Via Roma意大利食材的各类产品包装。
设计公司: united*
摄影师: William Heuberger
客户: A&P

图3.32

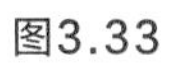
图3.33

图3.34

图3.35

图3.36

插图与摄影

从简洁的线条到精细的彩绘，插图的风格有数百种，形式也都各不相同。插图的绘制方式可以采用剪纸，可以是传统方式的绘画或素描，也可以使用电脑。不同风格的插图传达了独特的品牌个性和不同的产品属性，并以不同的方式来传达各类信息。图像摄影的风格同样数以百计，图像的摄影方式可以是黑白的、单色的、双色的、浅色调的，滤光处理的或是全彩色的。图像与文字信息相结合的设计表现形式，有助于扩展包装设计的含义和意义诠释。通过当今的电脑技术手段，我们可以将照片图像与插图相结合，从而创造出各种极具个性的独特效果。在拍摄表现产品的画面时，我们往往需要考虑的因素有很多，包括镜头的角度、光线与造型，以及图像的剪裁及其构图（见图3.37至图3.46）。

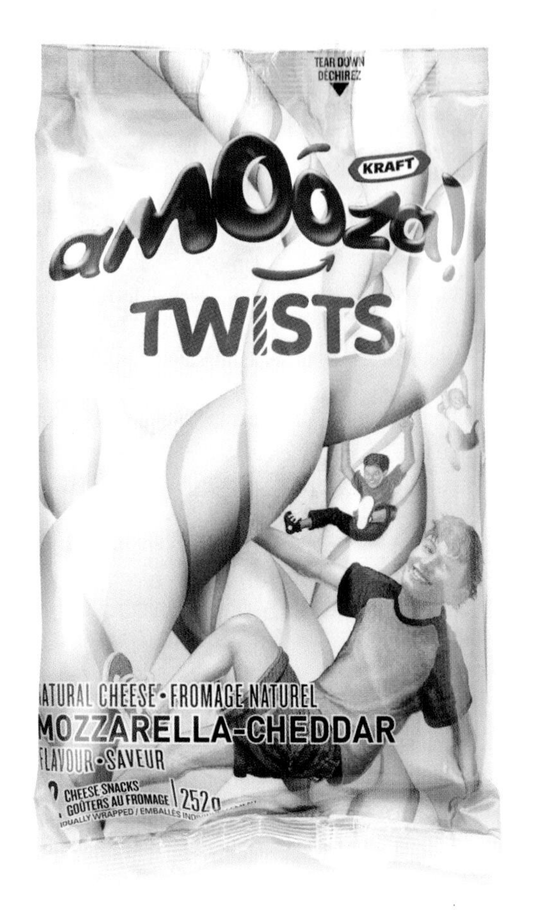

图3.37
AMooza Twists奶酪棒包装。
设计公司: Dossier Creative
客户: AMooza Twists

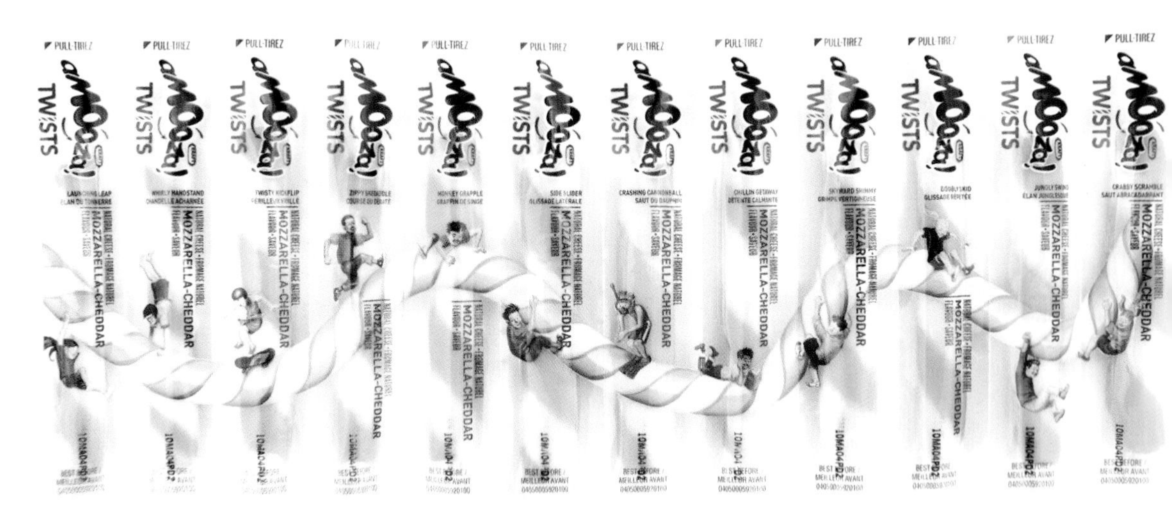

图3.38
AMooza Twists奶酪棒内部包装。

图3.39
Hercut美发产品包装。
设计公司: Creed
客户: Hercut

图3.40
Old Milwaukee啤酒罐上的女孩插图。
设计公司: Dossier Creative
客户: Old Milwaukee

图3.41
Pro Bar Simply Real饼干包装。
充满食欲诱惑的插图实例。
设计公司: Moxie Sozo
客户: Pro Bar

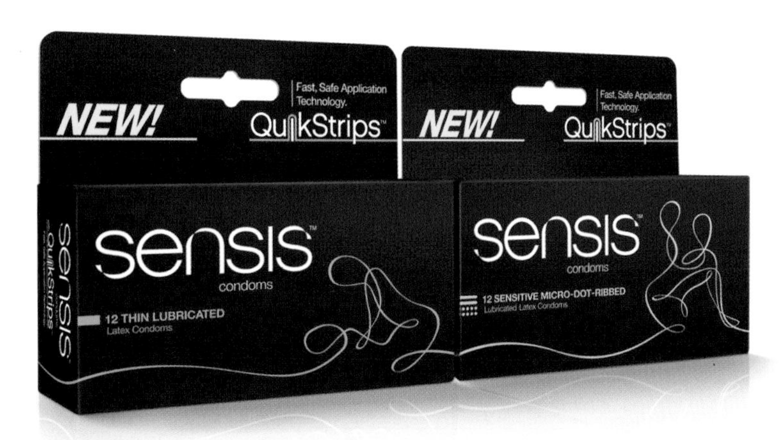

图3.42
Sensis避孕套包装。
设计公司: Spring Design Partners
客户: Sensis

图3.43
落基山巧克力工厂巧克力包装。
设计公司: Dossier Creative
客户: 落基山巧克力工厂

GREEN WAY
ORGANIC
GREEN PEAS
100% organically grown
USDA ORGANIC
PER SERVING
NET WT 16 OZ (1LB/454g)
KEEP FROZEN

图3.44

GREEN WAY
ORGANIC
HONEY
GRAHAM CRACKERS
golden-brown, rectangular shaped, graham crackers made from organic whole wheat flour and organic honey for a delicious sweet snack
GREEN WAY
ORGANIC
STONE-GROUND
WHEAT CRACKERS
a wholesome oven-baked, "party standard" cracker made from organic cracked wheat and dusted with sea salts

图3.45

图3.44
Green Way有机豌豆包装。
设计公司: united*
客户: A&P

图3.45
Green Way有机饼干包装。

图3.46
Green Way有机系列产品包装拍摄。

ORGANIC
STRAWBERRY
PRESERVE
EXTRA VIRGIN
OLIVE OIL
ORGANIC
MARINARA
PASTA SAUCE
GREEN WAY
ECOLOGICAL
ALL PURPOSE
CLEANER

图3.46

经济全球化背景下的图像

不同的族群、地域因文化不同，对视觉图像的传达和感知总是存在着差异。全球很少会有针对图像的统一标准诠释。在包装设计中，图像往往受到视觉传达策略与消费受众理解力相互作用的影响。一些具有特定文化含义的图像，有助于提升消费者对于商品的价值判断，加强品牌个性的传播。但若使用不当，则会适得其反，对产品和品牌起到负面影响，甚至会被消费者孤立。成功的包装设计需考虑到社会学、人类学和相关历史性。为使设计内容满足其传达目标的需求，我们需要对文化与社会准则、价值观、各类视觉感知进行研究，并对所选择使用的图像进行全面分析和提炼。

例如，在美国文化中，果酱、果冻或蜜饯罐的包装中所使用的红色方格图案，是一种很容易被人们所理解的视觉暗示，它传递出传统、经典和手工制作的产品形象。这一图像暗指这类商品在家中手工装罐时，用厨房布料覆盖玻璃罐蜡封的传统包装方式。

全球化使消费者们能够接触到越来越多来自遥远地方的产品。通常人们都期望能将同一种设计广泛应用到全球的市场环境中。但我们必须考虑这一做法的合理性，如不适合，其负面影响是非常严重的。包装设计中的图像不应刻板地使社会群体对其产生孤立或消极的负面印象。要使包装设计能够顺畅地跨越国界传播，我们必须对设计中体现产品起源、文化价值或地域特色的图像做出正确的选择与判断（见图3.47、图3.48）。

图3.47
Debbie & Andrew's香肠包装。
设计公司：Elmwood, Leeds
客户：Debbie & Andrew's

图3.48
Debbie & Andrew's附属品牌，Ellie & Roddy's。

诱人食欲的图像

诱人的插画或照片会让消费者们隐隐感受到“端上桌时的美味瞬间”。烹制好的食物配以适当的碗碟、餐具和道具，一幅令人食欲大增的画面就呈现在我们眼前。这种图画不仅能让消费者学习到餐桌礼仪和正确的装盘方法，还通过诱人的景象令人垂涎欲滴，使得产品在货架上显得分外耀眼。这类象征性的图像牢牢地抓住了消费者们的注意力，取悦他们的感官，刺激他们的味觉，从而使产品在竞争中脱颖而出（见图3.49、图3.50）。

图像的裁剪和缩放

图像布局必须与整体版面设计相契合，不能为了迎合图像来调整版面。在设计中，图像可以通过多种裁剪和缩放的方法，以各种各样的形式融入设计作品中。通过设置一个框架或图像蒙版，我们就可以单独审视独立于背景之外的图像。这种评价方法，有助于我们判断到底选用图像的哪部分更符合设计传达的总体目标。同时，我们应该把图像中无助于增强视觉表现效果和设计概念的不相关部分删除，进而使视觉传达作品简洁明了，消费者能一目了然。

图3.49
Duncan Hines蛋糕粉包装。
设计公司：Zack Group
客户：品尼高食品公司（Pinnacle Foods Corp.）

图3.50
Duncan Hines布朗尼烘焙粉。

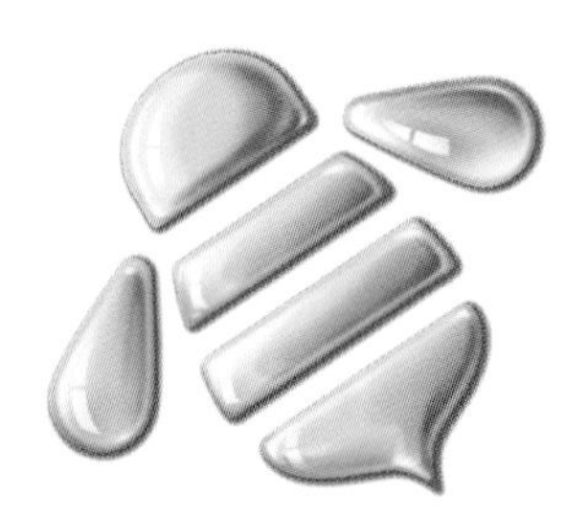

图3.51
Honeydrop饮品的蜜蜂图标设计。
设计公司: Monday Collective
客户: Hiro

图3.52
Honeydrop茶饮品包装。

图像在包装设计中的用途:

- 展示产品或主形象
- 描述目标消费者
- 设定特定情绪、调性与氛围
- 打造产品的可信度
- 激发消费者购买欲望
- 制造质感或纹理感
- 传递口感、味觉、使用方法、装饰及时尚等信息
- 塑造品牌个性

符号和图标

符号和图标是视觉传达的有力工具。符号极具视觉张力,图标具有神秘色彩。作为平面设计元素,它们既可代表具体概念,也可代表抽象概念。符号和图标能使包装设计更具识别性,所以消费者往往更喜欢通过它们来寻找和判断品牌,而不是查找品牌名(见图3.51至图3.55)。

图3.53
Mina图标。
设计公司: Monday Collective
客户: Mina

图3.54、3.55
Mina Harissa调味品包装。
设计公司: Monday Collective
客户: Mina

塑造角色

在包装设计中塑造角色有利于品牌的个性传播、彰显产品的特征，它们甚至还可以成为塑造品牌个性的化身。在塑造角色时，其气质、性格和五官特征等都具有无限的可选性。要创造设计出最适合传达自身品牌个性的角色，是一项极具挑战性的艰巨工作。

角色可以是人物，也可以是动物，还可以是与人没有关联的个性角色。无论通过摄影还是运用插图的表现形式，角色的种族特征、性别、面部表情、体型、肤色、外形、身形大小、画面布局、设计风格等因素都会影响到最终的视觉传达效果。好的角色会博得男女老少各类人群的喜爱，甚至能够打破文化差异的隔阂。角色的姿态可以传达出各种情感信息，诸如充满信心、具有力量感、信任感、幸福感、活力和趣味等。

成功的角色设计应富有独特的气质和魅力。如果设计出来的角色可以做到这一点，那么这款包装设计便可以成功吸引消费者，在促进其产品销量增长的同时也提高了品牌的辨识度和大众认同感。如果消费者信任某个品牌、并同时认同体现该品牌个性的角色，那么我们就可以认定消费者对品牌的信心和忠诚与品牌的角色有着莫大的关联。若消费者对一个品牌的角色有着强烈的情感认同，那么不需要其他视觉元素的支持，单靠这个角色就可以传递整个品牌，而且它自身可以上升为一个文化符号，成为该品牌特有的象征符号（见图3.56、图3.57）。

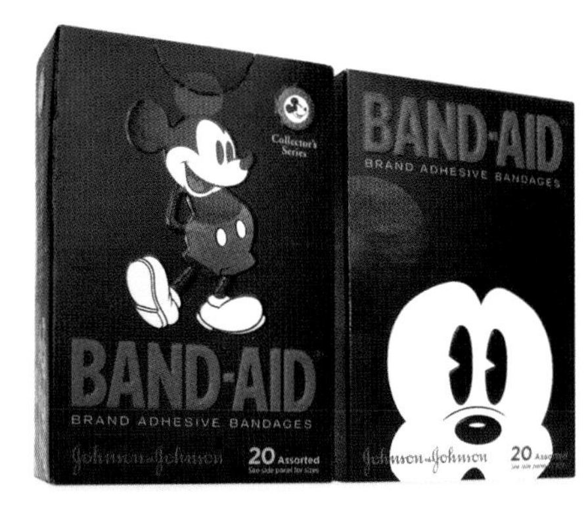

图3.56
邦迪（Band-Aid）米老鼠创可贴包装。

图3.57
Warburtons品牌SnackARoo和Chippidy DooDaa零食系列包装。
设计公司：ANTHEM!
客户：Warburtons

平面设计元素

线条、形状、颜色、肌理、字体等平面设计基本元素为设计提供了无限的可能。独具匠心的平面设计有助于包装设计的视觉信息传达。平面设计元素可以吸引消费者关注包装的目光，其中包含了设计中对不同层次信息内容的传递，从而引导消费者有序观察包装。平面设计元素可以单独使用，也可以与其他设计手段相结合。只要运用得当，这些设计手段将使包装设计的整体布局看上去更清晰，从而也会让信息传达变得更有效（见图3.58）。

包装设计中的平面设计元素包括：

- 用以展示产品多样性、颜色、气味、口感、原料或香型的色块
- 宣传新产品、产品益处、包装益处或显示价格的提示内容（见下方案例）
- 引导阅读顺序、增添生动性或包含文本信息的箭头或其他符号
- 用于分隔一部分内容或圈出品牌标志的方形、圆形、三角形或矩形图案
- 作为背景用于增加美观效果或者用于衬托照片、插画或示意符号的图案

标签

标签（Violator）是一个行业术语，用来指那些在包装设计中被放置在顶部位置的设计，其作用旨在引起消费者的注意力或者向公众展示某产品或者该包装的某一项特色。标签的存在看上去像是在有意干扰或扰乱主要展示面的设计。人们常常利用标签部分来传达政府规定的产品声明，公布产品

图3.58
Crave品牌Soft Treats猫粮包装。
设计公司：ANTHEM!
客户：Mars Petcare

的数量、质量，或是让人们注意到该产品在包装材料、功能（如可反复密封包装开口）或尺寸上的一些新改变（见图3.59）。

指导性插图

指导性插图是指具有丰富信息、功能实用或具有指导意义的插图。这些插图一般用作包装、产品的使用说明或操作指南。与那些更具美感的视觉插图不同，指导性插图在消费者们使用产品或包装时，起到了提供指导说明的重要作用。

无论是防伪包装设计开启方式的演示，还是商品的存储或处理方法，我们都可以运用线条简洁的插图形式将其描绘出来，清晰地传递出视觉传达的各项目标（见图3.60）。

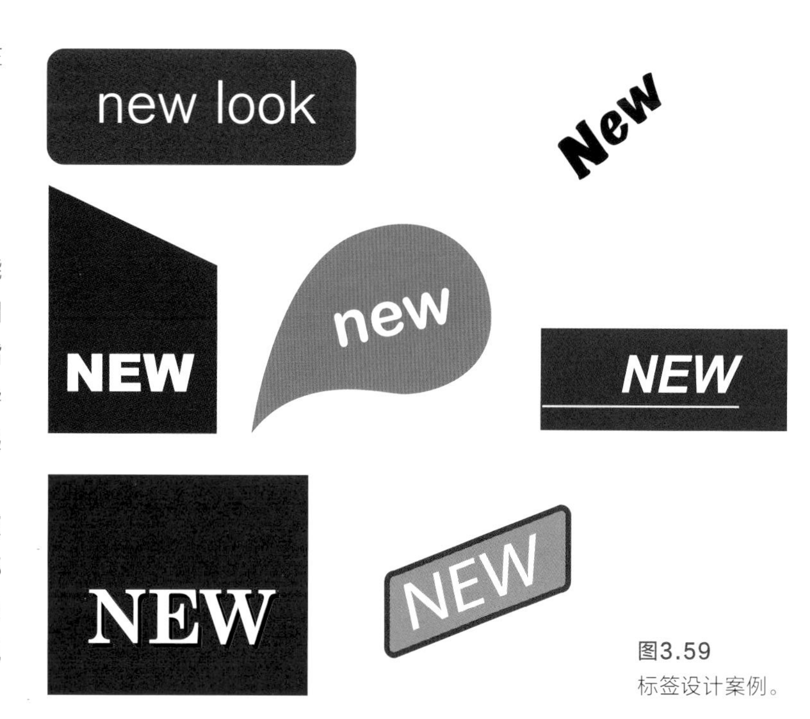

图3.59
标签设计案例。

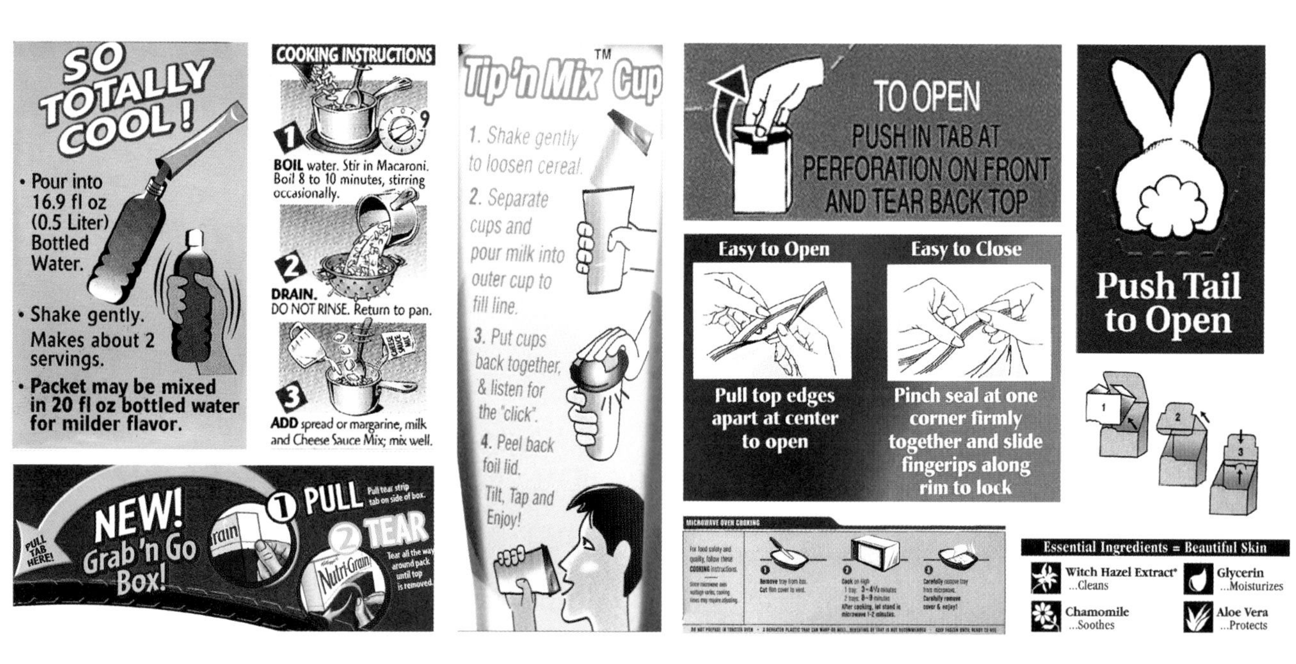

图3.60
指导性插图案例。

图3.61
货架上的欧仕派（Old Spice）除臭剂包装。

指导性插图可用于演示：

- 如何开启包装
- 如何关闭或重新密闭包装
- 如何使用或调制产品
- 警告或危险警示

有关图像传达的要点

- 人们对图像的感知总是因其所属的不同文化背景而具有差异性
- 可以根据任务目标，按照不同的风格来设计各种插图、照片、图标、符号和角色，每种风格的设计都应能传达丰富的视觉语言，并给受众带来感官刺激
- 图像应直截了当地传达出品牌的个性和具体产品的特征
- 要探索更多的设计方案，关键要尝试多样化的图像风格和颜色选择
- 制造产品与受众之间的独特触点，使消费者可以通过视觉来辨识产品
- 图像的设计必须考虑与整体版面设计相契合，而不是反过来为了迎合图像而调整版面（见图3.61）

结构、材料与可持续性

在消费者心目中，包装即是产品。对许多产品而言，产品外在的包装设计就是品牌的视觉象征。包装的结构和材料不仅为产品的盛放、保护和运输提供服务，而且也为包装设计概念提供了实体外表。

消费者经常仔细检查包装材料的“环保程度”：是否使用可循环的材料，是否考虑到产品的终端问题，比如包装材料的循环再利用能力。

在零售环境中，包装结构为产品的存在和货架寿命提供支撑，并且通过可触摸的实体质感和保护性特征，影响着该产品对消费者的最初吸引力。包装结构的设计方向掌握在终端用户的手中，我们需依照人体工程

学的原理完成各项任务——包装的正确开启和密闭方式、合理分配内盛物，以及考虑到产品在某些特定情况下的安全存放（见图3.62）。因此，必须在每项包装设计工作的开始阶段，就认真考虑并选择具有可持续性的包装材料。

如何选择包装结构和材料，应在以下问题中寻找答案：

- 包装的内装产品是什么？
- 产品需要得到怎样的保护？
- 什么样的结构和材料最适合这类产品？
- 产品将通过什么方式运输？
- 产品将怎样存放、在何处存放？
- 产品将通过什么方式陈列？
- 产品将在哪里销售？
- 产品的目标消费者是谁？
- 同类产品的竞争对手有哪些？
- 包装的成本限制因素有哪些？
- 生产的数量是多少？
- 生产的周期进度是怎样安排的？
- 是否可以对现有的包装结构进行重新设计？
- 是否可以从包装结构资料库中直接选用？
- 是否需要开发出一种新式专利结构？
- 结构的主体部分是什么？
- 结构的辅助部分是什么？
- 是否附带零部件？
- 结构通过什么方式来闭合（是否需要使用盖子或封口材料来保护、提取内部产品，以及考虑装配方式、可重复使用和安全性等问题）？

结构设计决策

包装设计中，除了要对市场竞争状况和技术创新进行评估，一旦设计任务涉及结构问题，如开发专利结构设计需求、利用可用的包装结构资料库、包装附带零部件来源等问题时，它的复杂性就大大提高了。结构设计项目的涵盖范围一般包括常规包装（装有产品实体）、二次包装（包裹常规包装和产品实体）和三次包装（常用于运输，多数

图3.62
Almay Pure Blends彩妆系列包装。
设计公司：ANTHEM!
客户：Almay Pure/露华浓

情况下由适用于保护运输货物的瓦楞纸或其他厚重材料制成)。

包装对结构方面的要求，增加了包装设计项目的复杂性与挑战性，包括包装的选材及其特性、构件方式(盖子、闭合结构、真空压缩、软管等)、贴标方式、生产方式、制造流程以及环保等因素，设计师都要考虑在内。

包装设计师通常需要与工业设计师或结构工程师一起工作，通过效果图或草图来沟通结构设计概念。在包装设计行业从业的工业设计师具有设计包装专利结构以及三维原型样品制作能力。完成包装结构设计任务的关键在于，与专业从事加工特种材料(如泡沫塑料、木材、透明合成树脂、金属等)的供应商，服务特定行业(如化妆品、食品、饮料、家居产品等)的模型制造商和工业设计公司通力合作。

制作三维原型样品有助于加快设计概念的实现。快速成型工具能有效帮助并加速完成在包装结构设计阶段的各项任务。这种自动化工具的工作原理是3D打印机通过接收电脑输出的CAD渲染文件，创建出三维模型。运用增材制造打印技术，通过液体、粉末或聚合物材料的一次次固化和堆叠，最终创造出色彩真实的三维原型样品。这种省时、低成本的制作方式能快速生成原型样品，以便我们对包装进行评估检测，同时，也为我们探索和研究其他可行性设计方案提供了切实可行的便捷。

专利结构设计

专利结构是指为某一品牌或产品而专门设计的、具有法律保护效力的结构。开发专利包装结构，可以为品牌创造独特个性，建立高辨识度，并为产品营造新的市场价值开辟出一片新天地。无论取材是纸板、塑料、金属、玻璃还是木材，专利结构的设计目标都是围绕着将自身与竞争对手相区分(见图3.63)。在设计项目中，设计师需满足客户的需求并理解工作范围才能有效地开展工作。如果项目的工作范围中并没有涉及对包装进行专利结构设计的特别要求，那么我们可以考虑从现有的包装结构资料库中寻找到最佳的包装结构，从而配合产品的包装设计。

包装素材库

包装素材库(Stock Packaging)是一个行业术语，指非独家拥有使用权的专利结构和生产材料。它比较容易获得，且随时可供任何市场营销者使用。在包装素材库中，用于包装结构设计或闭合设计(各种盖子和各种用来密封、拿取和保护内含产品的装置)的材料选择有很多，比如玻璃、塑料和金属。依托包装结构设计和闭合设计不断推陈出新，生产方式不断升级，包装素材库中的可选样

我在一家为各类消费品牌的代理商、制造商和市场营销人员提供创意性工业设计资源服务的公司工作，专业从事POP(促销)展柜、结构包装和产品的概念设计、创意和开发。我通过对品牌资产的理解，将其融入结构设计的组成部件中，能为消费者带来整体的、难忘的呈现方式。我的工作职责包括创造性地将营销目标与问题解决方案相结合，并将制造情况与最新的材料和工艺结合起来。开发过程从可视化技术开始，通过运用各种数字或工程应用程序对设计原型样品进行完善，最终呈现与品牌步调一致的解决方案。

——卡尔森·阿尔曼(Carson Ahlman)，工业设计师，
专业从事包装结构和产品设计的概念创作和开发

式也随之越来越多。

纸板生产商们为资料库提供各式折叠纸盒、瓦楞纸箱、套盒、礼盒的包装结构。这些包装结构的选材包括各类装饰用纸和成品纸，有各种标准尺寸可供选择，既可少量购买，也可批量购买。此外包装素材库中还有很多以纸或塑料为原料制成的造型、尺寸、结构各异的袋状、罐状和筒状包装。

对许多消费品公司来说，想要把包装设计快速推向市场，包装素材库是一个很好的选择。在决定从包装素材库中选用最佳包装结构之前，首先要对产品、包装结构、成品工艺（凹凸、压印和覆膜等技术）以及现有设计表面存在的印刷限制因素进行分析。

可持续性

可持续性有很多定义。最常见的定义出自《我们共同的未来》（*Our Common Future*），也就是1987年由联合国世界环境与发展委员会发表的《布伦特兰报告》（*The Brundtland Report*）。该报告呼吁人们建立可持续性发展观，“即在满足当前社会发展需要的同时，应考虑到满足人类

图3.63
帝王威士忌（Dewar's）专利酒瓶。
设计公司：Spring Design Partners
客户：帝王威士忌

图3.64
循环再生标志。

繁衍后代持续发展的需要”。报告的作者认为，只有保护环境，才能满足人类社会持续发展的需求。设计师们应对设计项目中的材料和自然资源的使用的可持续性及其对人类健康的影响认真考量，因为可持续发展与我们地球的未来息息相关。可持续性是一项涉及社会公平（指人类在安全、健康的环境中平等生存的机会）、环境和经济的综合任务——也就是大家所熟知的三重底线或3P标准：人（People）、地球（Planet）和利润（Profit）。

结构设计师、工程师和材料制造商之间应紧密合作，共同创造创新型的可持续包装。材料技术通过再生纸、甘蔗渣、大麻和棕榈制成的非木制纤维纸浆的发展不断进步。用玉米、马铃薯、大豆和其他可再生作物制成的生物塑料，因具备可降解、可制作堆肥的属性，可以代替并减少石油基塑料的使用。寻找到最实用、最经济和最符合可持续目标的包装材料是当前和未来的重要任务。

在包装设计中，当涉及需通过自然资源加工的特定产品包装材料时，必须考虑到可持续性。这包括从制造材料和生产过程中所使用的能源，到完成可供销售的消费品所需的产品和结构等所有内容。包装设计师们越来越重视在工作中使用（日新月异的）可持续材料，并且还会主导他们的客户一起寻求更具可持续的解决方案。如今，使用适当的标签来表明产品或其包装是否由可持续的生产方式制造出来，已成为客户、消费品公司和材料制造商们共同承担的责任（见图3.64）。

可持续包装联盟（Sustainable Packaging Coalition，简称SPC）是非政府组织Green Blue的一个项目，它采用系统方法（将相互关联的分析方法整合在一起）建立了包装可持续性的国际指南。SPC关于可持续包装所下的定义被认作行业标准，它的一系列准则为每一个包装的生命周期的考量提供了指南。

根据SPC相关准则，在包装设计工作中，设计师应该向他们的客户提出以下问题（并与他们一起寻找适合的解决方案）：

- 包装在其整个生命周期中，对人们和社区是否有益、是否安全、是否健康？
- 包装的性能和成本是否符合市场标准？
- 包装在进行采购、制造、运输和回收时，是否采用可再生能源？
- 包装是否充分利用了可再生或可回收材料？
- 包装制造过程中是否使用了无尘生产技术和最优生产方法？
- 包装所使用的材料是否在其整个生命周期内对人们都是健康的？
- 包装设计是否充分利用了材料和能源？
- 包装是否在生物或工业的闭环循环中得到有效回收和利用？

包装行业在美国每年可以创造超过1000亿美元的商业收入，在全球范围，这个数字超过5000亿美元。事实上，每年都会有数以百万计的包装被设计、生产、回收和处理（见图3.65）。

整个社会对于环境问题的关注，已经迫使各消费品公司和整个包装行业开始不断衡量其活动对环境造成的影响。有鉴于此，他们持续推出了能够减少碳排放的、更加绿色环保的产品和包装。产品和包装设计的模型需要通过不断重新审视，才能形成一个真正的闭环系统（见图3.66至图3.67）。

系统思考

建立一个系统的大局观，对于评估整个包装设计的过程是至关重要的。这种方法包括对设计决策如何影响环境、社会和经济因素的理解和判断。包装的系统思维涉及对原料或原始材料负责任的采购环节，材料、结构和零部件的制造环节，向零售商运送和分销产品的环节，包装的回收和再利用环节。这种对包装进行全面评估的方法使得包装成为了一个整体的系统，而不是单一性的实体，从而为每个产品的包装重新设计创造了机会，其目的在于让整体包装系统持续有

图3.65

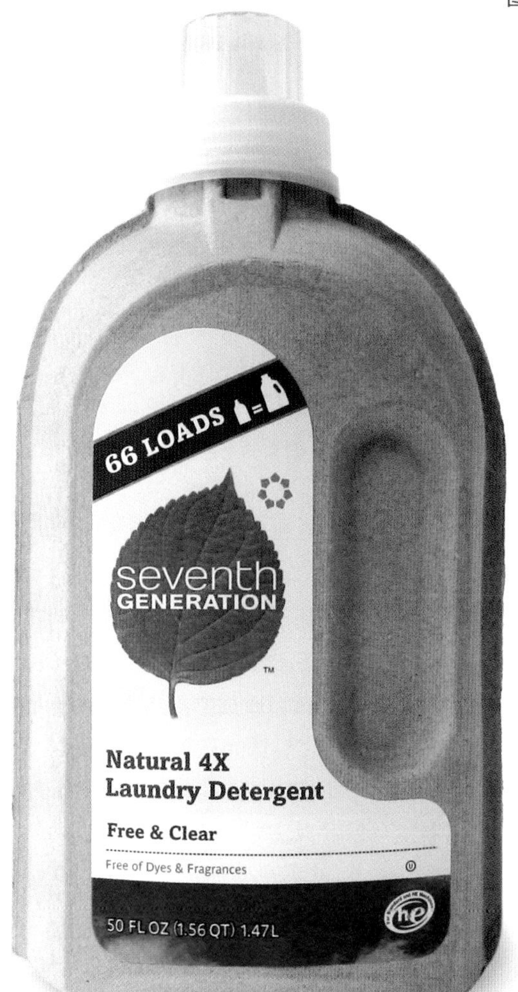

图3.66

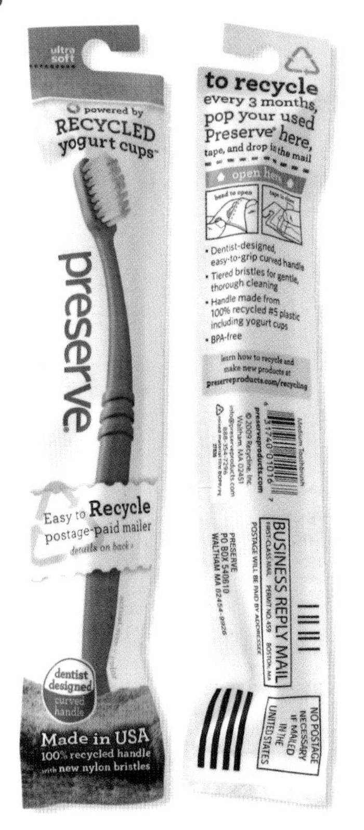

图3.67

图3.65
沦为垃圾的包装。
照片：Design and Source Production公司提供

图3.66
第七世代（Seventh Generation）洗衣剂包装。
符合可持续理念的包装设计。

图3.67
Preserve牌牙刷包装。
符合可持续理念的包装设计。

效地运转。

包装设计总会要面对产品生产与营销过程中，相互冲突的各项目标设定以及消费者的各种需求。产品的生产商、包装及包装材料的制造商和零售商，都希望能够成功向消费者推出一款经济适用的好产品。围绕这一共同目标，各方就会达成妥协。为确保产品安全，在包装设计时，我们需要考虑包装的类型和数量，并兼顾产品消费或使用后可能会产生的废弃物等因素。

在考虑采用可持续包装设计或包装材料时，需要考虑的因素有：

- 产品的各项要求
- 产品生产过程的各项要求
- 产品的分配或运输系统
- 产品的存储条件（仓库、零售店，还是消费者家中）
- 产品生产企业和包装及包装材料制造企业的相关政策、职责
- 政府的各项规定
- 产品的营销策略
- 零售商的各项要求
- 消费者的各种需求

生命周期评价

包装行业已经开始采用各种方式来评估其活动对环境产生的影响。生命周期评价（Life-Cycle Assessment，简称LCA）是一种用于衡量一个产品、加工工序或活动给环境造成多少负担的客观评估程序。LCA程序研究整个体系中能源和材料的用量（输入）以及释放到环境中的废物量（输出），通过对比两项进而做出评估，并做出有利于提高活动过程可持续性的改善。对输入输出量的权衡有助于优化总体的设计策略。LCA程序通过帮助决策者在考虑成本和性能数据的同时，选择生成最少碳足迹的生产活动，从而使决策者受益。LCA程序也有助于避免环境问题从一个区域转移到另一个区域（见图3.68）。

“从摇篮到摇篮”闭环系统

“从摇篮到坟墓”（Cradle-to-Grave）这个表达指的是对许多产品和包装的生命周期进行评估的模型。“从摇篮到坟墓”的过程始于人们从地上对原材料的收集（来源提取），经产品制造或包装，回到这些材料回归到大自然中（处置后填埋或焚化）。但是，“从摇篮到摇篮”（Cradle-to-Cradle），是化学家麦克·布朗嘉（Michael Braungart）和建筑师威廉·麦唐纳（William McDonough）[2]提出的评估模型。他们提出了一个闭环系统的概念：在一个包装的生命周期中没有“浪费”。在生命末期的包装被重复回收或重新利用，要么成为生产系统的技术养分，要么成为安全生物的可降解生物营养。布朗嘉宣扬“设计轮回说”，即在第一次设计包装时，就应考虑到为下次使用而规划的理念。

延伸生产者责任制

延伸生产者责任制（Extended Producer Responsibility，简称EPR）是一种环境保护手段。它认为设计师、供应商、制造商、分销商、零售商、消费者、回收者和处置者对于产品和包装对环境的影响以及对

2 威廉·麦唐纳、麦克·布朗嘉，《从摇篮到摇篮：重塑我们的生产方式》（*Cradle to Cradle: Remaking the Way We Make Things*），纽约，北角（North Point）出版社，2002年。

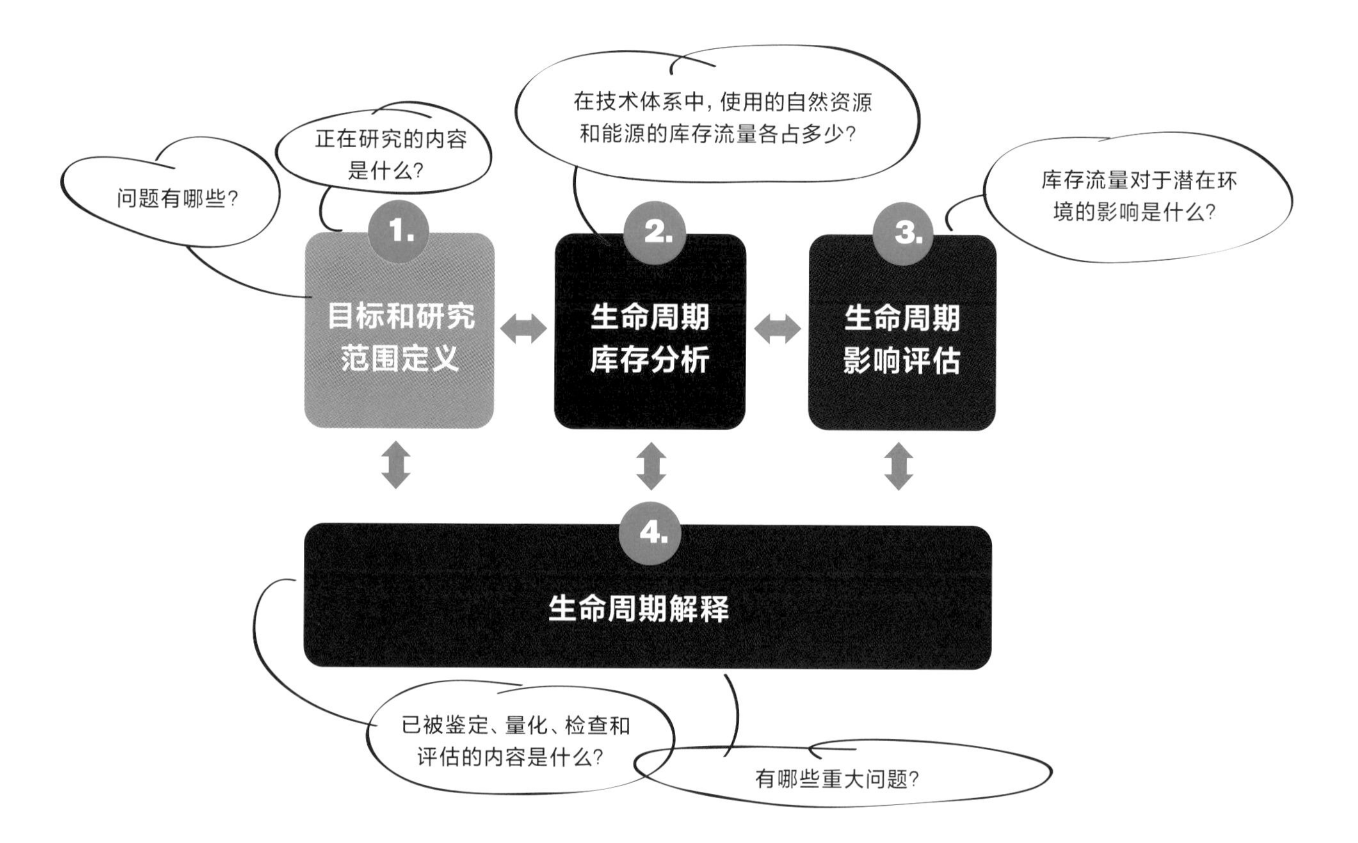

图3.68
生命周期评估过程。

产品和包装整个生命周期都负有不可推卸的责任。他们应当共同承担全部或部分因回收（收集和处理）而产生的成本（见图3.69至图3.70）。EPR计划包括回收和再利用计划，退还押金和各种产品税。

材料的类别

包装设计师需要对不同材料及其与产品兼容性的相关物理特性、可持续性因素以及适合设计需要的包装结构有基本的了解。材料可分为几大基本类别：纸板、塑料、玻璃和金属。用于刚性和柔性结构的（由其他纤维、农副产品和可再生材料制成）新生材料和复合材料也在不断出现。

纸板

在造纸行业，“纸板”一词是行业术语，泛指由原木纤维原浆或回收纸浆制成的纸张。纸质材料的重量可按板层即层数计算，也可使用卡尺以千分之一英寸（1英寸=2.54厘米）为单位测量其厚度。纸板与纸在厚度上有所不同，薄于0.010英寸（0.025厘米）的纸材被称为是纸，超出此界限的任何纸材则被称为纸板。典型纸板的厚度是在0.010英寸和0.040英寸（0.025厘米和0.102厘米）之间，厚度单位也可用“点”（point）标志（0.010=10点，0.040=40点，等等）。

沃尔玛包装积分卡

2006年，大型零售商沃尔玛（Walmart）推出了对可持续包装生产计划有重大影响的“包装积分卡”。积分卡系统在其全球供应链中提出了减少包装的要求，还要求生产商根据包括温室气体排放、原材料使用、包装尺寸、回收内容、材料回收价值、可再生能源使用、运输影响和创新等标准对比其他供应商，从而对其排名。以上这些标准是从被称为7个“R”的包装标准演变而来——移除（Remove）、减少（Reduce）、重用（Reuse）、回收（Recycle）、更新（Renew）、收入（Revenue）和阅读（Read）——它们迫使包装行业的生产商重新检查他们的包装材料和制作过程。沃尔玛将积分卡的排名结果，纳入采购合作决策中，这样一来，那些希望在沃尔玛门店销售自己品牌的生产商们被迫改变营销策略。厂商纷纷以符合可持续发展为目标，对产品包装进行重新设计。

图3.69
Stonyfield旗下YoBaby酸奶包装。
酸奶杯由植物基生物塑料Inego制成。
制造商：NatureWorks
客户：Stonyfield Farm

图3.70
泰舒茶（Tazo）茶包装盒。
竹材料包装盒。
设计与制造商：Design and Source Productions
客户：泰舒茶

纸板非常实用、成本低廉，且可以回收利用。它的实用功能，给予了包装设计师在包装结构设计创新中极大的自由度。即使是一个简单的折叠纸盒也能成为一个出色的包装设计方案，因为其平整宽阔的表面本身，就是一个绝佳的展示品牌的广告牌（见图3.71）。

纸板的重量或厚度必须与纸盒的尺寸大小、具体用途以及产品的盛放需求相配合。产品的尺寸和重量决定了包装的结构和强度。结构设计还取决于各种市场营销目标，即如何展现品牌及产品的特色。包装的结构功能也可以是盛放并保护内含的二级包装物，例如罐头或瓶子；或者某种内部结构，例如塑料托盘或者瓦楞内衬（见图3.72）。

纸板是由多层纸张碾压加工而成的，根据具体加工方法可分为两大类：一类是长网纸板，是指以纤维原浆为主要原料，由1~4层纸材制成的纸板；另一类是圆网纸板，是指以各种回收纸浆纤维为主要原料，由7~9层纸材压合而成的纸板。两种纸板都有多种克重和表面处理工艺选择。

图3.71
落基山巧克力工厂巧克力包装袋。
设计公司：Dossier Creative
客户：落基山巧克力工厂

图3.72
Old Milwaukee12听装啤酒箱。
设计公司：Dossier Creative
客户：Old Milwaukee

最常用的纸板类型包括：

- **漂白硫酸盐浆板（SBS）**：由高百分比含量的纯木浆经硫酸盐法分离，并漂白制成的是顶级的白卡纸。它通常覆有涂布，从而具有高品质的白色印刷表面，主要用于食品、乳制品、化妆品和医药产品的包装。
- **未漂白硫酸盐浆板（SUS）**：未经漂白，由高百分比含量的纯木浆经硫酸盐法分离制成。这天然的牛皮纸板（牛皮纸是通过化学手段打浆制成的高强度纸质）有涂布和非涂布两种。这种纸材的强度高，常用于饮料、五金类产品和办公用品的包装。
- **再生纸板**：取材于消费前后的无用纸张和纸板，是一种以废纸为原料，由不同比例回收纸制成的多层纸材。消费前的纸源来自工厂生成的浪费或者没有进入市场的纸张。消费后的纸源则来自已被使用和丢弃的纸质产品。再生纸材有涂布和非涂布两种。再生纸板的制造技术使得再生纸张的表面成为印刷的绝佳载体。非涂布再生纸板广泛应用于制作组合式纸罐（螺旋式圆筒）和纤维纸筒等。涂布再生纸板则通常用于干性食品，包括曲奇、糕饼类的包装以及其他家用产品，如洗衣粉包装。
- **粗纸板（也称为硬板纸）**：通常由废纸料制成，呈灰色或米色，可用于制作固定纸盒（起到固定结构的作用，纸板外侧裱糊装饰纸或其他装饰材料，常用于香水、玻璃器皿的礼品包装）。这种材料主要用于低端包装以及不会在货架上显露出来的内部包装结构，还可被用于制作折叠纸箱、泡罩式包装的底板。通常情况下，此类纸张不适于直接印刷。

对于100%再生纸张和纸板的使用，已经发展成为消费品公司对可持续包装的承诺。回收纸板标志，由非盈利性贸易组织“再生纸板联盟”（100%RPA）颁发，标志着某类纸板已经按照美国联邦贸易委员会的标准制造。它的目的是让消费者意识到包装是按照“绿色环保”的指导方针制作的。使用百分之百可回收的材料可以节约能源、减少对水和树木的使用，减少温室气体的排放。

瓦楞纸板

瓦楞纸板也被称为箱纸板，由纸板和波形纸芯胶合而成。单边瓦楞纸也被称为“单面”瓦楞纸。双边或双面瓦楞纸的中心一层为波形纸，因此也被称为“单壁”瓦楞纸。未挂面的瓦楞纸，即只有波形纸芯的瓦楞

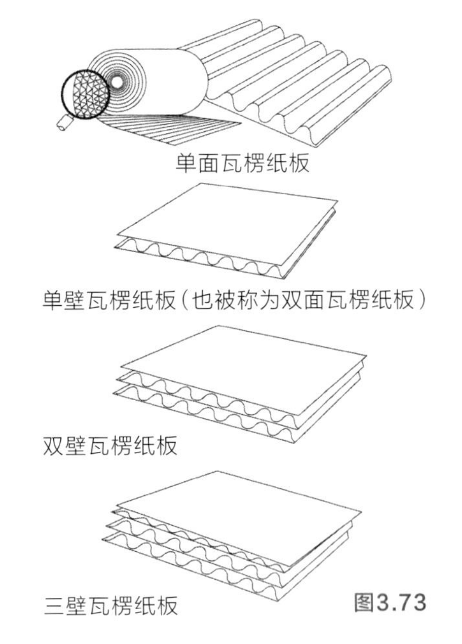

图3.73

图3.74

纸，常常用作易碎产品或物件的包装材料，并作为内部包装结构中支撑产品的部件。单壁、双壁和三壁瓦楞纸常用于制作外部包装，如运输纸箱和其他容器。纸芯波形较小的单面瓦楞纸可将纸芯朝外，用于高档包装设计，以获得独特的质地效果。经印刷处理的纸板可与瓦楞纸板胶合为一体，以此作为较重产品的基础包装，如各种设备、烹饪用具、其他家庭用具（熨斗、烤面包机、碗碟、玻璃器皿等）和电子产品（电脑、相机等）（见图3.73、图3.74）。

折叠纸盒

折叠纸箱通常被设计为整件包装结构。纸板或瓦楞纸经压印、划痕（便于折叠而做出的折痕）、折叠、插片锁合或胶粘而成为包装结构。纸盒的图案线或模切线包括确定其形状的轮廓线和每块面板的定位，及其各自胶合片的切割线和划痕线。这些线迹还可包括内部模切的其他具体线条

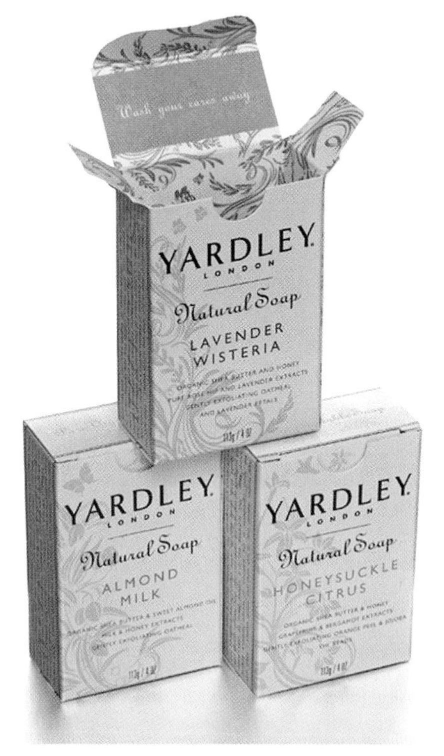

图3.75

图3.73
瓦楞纸板。

图3.74
史礼文酿酒厂的（Sleeman）印度爱尔啤酒、精酿黑啤组合装。
设计公司: Dossier Creative
客户: 史礼文酿酒厂

图3.75
Yardley天然香皂包装。
设计公司: Little Big Brands
客户: Lornamead, Yardley

以及用以增加该纸盒功能的半切割线（见图3.75）。

两种最常见的折叠盒形如下。

反向插入式纸盒：顶部盖板与底部盖板的打开方式正好交替，即顶部盖板从前向后开启，而底部盖板则从后向前开启。反向插入式盒形的顶部盖板应从背板延伸，并与之固定在一起。

同向直插式纸盒：顶部盖板与底部盖板的打开方向相同。上下盖板通常都从后向前开启（见图3.92）。

两种最常见的折叠纸盒插口锁合结构如下。

切缝锁扣折边结构：各插片均插入顶部盖板折边的缝隙中。

摩擦锁扣折边结构：各插片均因摩擦力而被固定，通常在顶部盖板与底部盖板的位置。

通常折叠纸盒顶部封口方式采用摩擦锁扣折边结构，从后到前锁住顶部；底部封口方式则采用切缝锁扣折边结构从前到后锁住底部。通过改变这种基本的盒形模块与模切线的制图，我们就可以轻松制造出任何尺寸的纸箱。在盒体中的开窗设计和其他装饰可以使纸箱更具立体感和独特性，从而在货架上更夺目。

裱糊纸盒是一种由顶部和底部的硬盒组合而成的包装结构。其内芯由厚重的纸板或硬板纸制成，并且用装饰性特种纸或其他整饰方法覆盖所有外表面和边角。其通常用于化妆品、糖果、首饰或其他高档产品的包装，往往结构精巧、造型华丽，从而使包装的外观更加美观诱人。外观具有装饰效果的裱糊纸盒常可起到“增值”作用，因为人们常常会将这些纸盒保存下来，以备再次使用。随着折叠纸盒流水线制造技术的提升，商家们推出了更经济的、通过单边卷边整轧成型的折叠纸盒，一般有单件和套件。这种折叠纸盒的外观效果与裱糊纸盒相似，但制作成本却只占裱糊纸盒的零头（见图3.76）。

纸筒

纸筒由纸板在圆筒上螺旋绕制而成，有各种重量规格和长度规格。举例来说，卫生纸或纸巾中央的纸筒就是采用了轻质纸筒。低档纸筒通常由未经装饰的普通纸板制成，而高档纸筒则常被用作化妆品、贴身内衣、时装配饰和奢侈品的特殊包装，以及食品类和酒类馈赠礼品的礼盒包装。纸筒也可由多层材料制成，包括起保护作用的塑料、金属覆膜或者起阻隔作用的金属箔层。这种纸筒常用作零食、麦片粥、冷冻浓缩果汁和冷冻生面团的包装结构。为了在竞争中立于不败之地，纸筒加工商们正在源源不断地寻找各种创新方法，例如开发出各种形状（如椭圆形或不对称形）、新的模切技术或者新的整饰工艺，以便使它们的包装更加出类拔萃。

其他类型的纸结构和纸板结构

托盘盒、套盒和袋式结构也常常用于基本包装设计，作为内包装或组合装，构成各种完整的包装设计系统。套盒可以被做成多种造型，可被模切成各种轮廓或形状，进而创造出独特的外观效果。纸或轻质纸板也可用来制作各种柔软的袋式结构。底部呈四方形的包装纸袋虽看似普通，但已有200年历史，并且至今仍被许多产品采用。作为二级包装物的购物纸袋可为商家们提供极好的宣传机会，从而成为商家、品牌或产品的宣传工具。纸袋还可经塑料薄膜或金属箔层进行挂面处理，以便对内盛产品起到保护作用。

作为包装材料，纸板的高适应性为设计

师们提供了广阔的创作空间——纸板的柔韧度使其可被折叠，被塑造成各种形态，并可与其他材料结合使用。纸板也适用于多种加工方法，它的加工成形选择很多（制成纸箱或纸盒等包装结构），表面的印刷效果非常美观；而且在经过压印、烫箔、覆膜、无光漆或亮光漆处理、添加珠光涂层或者其他工艺加工后，纸板更能使普通的包装设计魅力大增。

“无树”纸（就是不以树木为原料制成的纸材料）由大麻和甘蔗渣等植物或农作物制成。石头纸，比如TerraSkin（一种新型的石头纸），是将矿物粉（碳酸钙）和无毒聚乙烯树脂胶合为一体制成。矿粉来源是各种工业产生的废弃物，包括建筑。这种可持续的纸张在生产过程中，不使用有害毒素或水，也不会消耗大量的能源，而且经常使用可持续能源来生产。由于使用矿物粉末制成，石质纸张呈现天然的白色。石质纸张既防水又耐撕，而且给人一种奢华的感受。它在印刷时比普通纸张所需使用的墨水更少。另外，其在使用周期末端还具有可焚化和可回收的优势。从回收的角度来看，制作纸张最昂贵的材料就是聚乙烯黏合剂。造纸技术的不断革新使得纸张的可降解性和可分解性不断提高（见图3.77至图3.79）。

图3.76
落基山巧克力工厂山顶形状的巧克力包装礼盒。
设计公司：Dossier Creative
客户：落基山巧克力工厂

图3.77
伯特小蜜蜂（Burt's Bees）肥皂（老款包装）。
产品由一个内层包装蜡纸包裹，起到保护作用。
外层包装纸印有品牌图像。
设计公司: Design and Source Productions
客户: 伯特小蜜蜂

图3.78
新款伯特小蜜蜂包装，将包装材料减少为单一的TerraSkin，充分利用其抗水和抗撕裂性。
设计公司: Design and Source Productions
客户: 伯特小蜜蜂

图3.79
纽约现代艺术博物馆（MoMA）的TerraSkin购物袋。
纽约现代艺术博物馆用TerraSkin材料制作了购物袋和礼品盒。
设计公司: Design and Source
客户: 纽约现代艺术博物馆

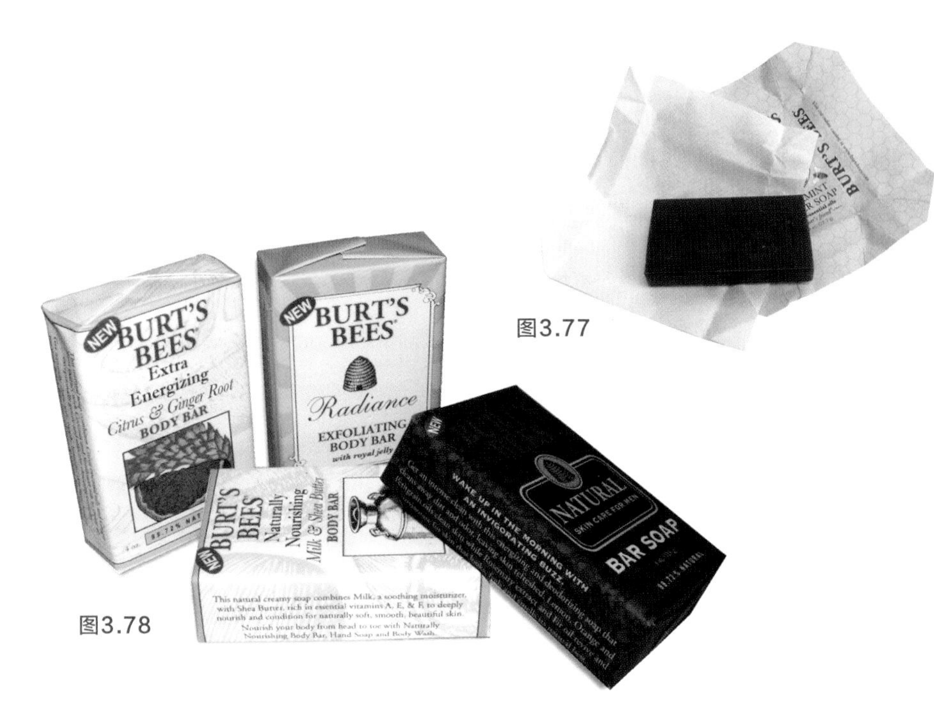

图3.78

图3.77

图3.79

塑料

塑料的种类繁多、属性各异，可满足各种包装设计的需要。塑料有硬有软，可以塑造成各种形状和尺寸。它的颜色可以是白色的或有色的，透明的或不透明的。热成形塑料可在加热后软化，通过模塑、挤塑或压延工艺处理后成形。因为塑料具有很好的柔韧性，设计师们可以凭此创造出各种新颖的包装形式。瓶状以及其他形状的塑料包装结构都可进行模内贴标，且具有多种颜色选择（还有特制的金属色），甚至能运用压印或其他各种整饰工艺的处理——丝网印刷和热烫箔处理等。

硬质塑料结构可在盛装产品时仍然保持其形状。其具有瓶状、罐状、管状、桶状和盆状等多种形状和尺寸规格，可以从包装素材库中选取公模结构，也可以根据客户需求进行专属结构定制。塑料包装结构适用于大多数产品门类，包括牛奶罐、苏打瓶、黄油罐、盛放各类食材的微波炉用碗及盛放洗发露、润肤露、感冒药、洗衣剂和洗碗液的瓶子等。具有专属轮廓或形状的塑料包装设计会非常容易辨认，可以使产品独具特色，从而在竞品中脱颖而出。

塑料软管（或是铝塑复合软管）在装配好产品之后通常会加掀盖或螺旋盖，然后倒置过来将盖子当作底部。新的塑料生产方法、新式塑料和加工工艺的出现，为结构设计师们提供了开发具有底部轮廓造型软管的可能性。塑料软管可在其成形前或成形后进行印刷处理，然而由于其上粗下细的锥形形状，用于品牌宣传和产品信息的展示区域也颇为有限，所以在软管上进行平面设计的工作往往充满着挑战。塑料软管与其他材料一样，也受到生产技术和印刷工艺的限制。

塑料工业协会（SPI）在1988年引入了塑料回收识别码（RIC）用以识别各种塑料树脂。每种的聚合物都有一个任意数字，以帮助回收过程中的分类。在包装上，代码数字出现在三个连续箭头组成的回收符号的中间，这个标志下面是该包装使用材料类型的首字母缩略词。与人们的普遍看法相反，这些数字并非表明回收塑料的难度等级，或是材料的回收次数（见图3.80、图3.81）。

图3.80
塑料回收识别码。

6
PS

塑料包装树脂

用于包装的最常见塑料类型如下：

聚对苯二甲酸乙二醇酯（PET, PETE），质地像玻璃一样通透，可用于制成盛放水和碳酸饮料的包装瓶，盛放芥末、花生酱、食用油和糖浆等食物的包装罐，泡罩式包装，蛤壳式包装及电子产品、食品、医疗产品的托盘。

可回收的聚对苯二甲酸乙二醇酯（RPET），消费后的回收材料，主要来自用于饮料和其他消费品的瓶子。

高密度聚乙烯（HDPE），硬质地不透明材料，主要用于制成盛放牛奶、水、果汁、化妆品、洗发水、洗碗和洗衣洗涤剂以及家用清洁剂的包装瓶。

聚氯乙烯（PVC），硬质的PVC材料，主要用于泡罩式包装、蛤壳式包装；软质的PVC材料则多用于床上用品袋、医用袋、收缩包装袋和熟食产品外包装。

低密度聚乙烯（LDPE），可用于制成盛放干洗物、报纸、面包、冷冻食品、新鲜农产品和生活垃圾的袋子，收缩包装袋与拉伸薄膜，牛奶纸盒和冷热饮料杯的涂层、容器盖和可挤压瓶（例如蜂蜜和芥末）。

聚丙烯（PP），可用于制成瓶子、瓶盖、防水包装以及盛放酸奶、人造黄油、外卖餐和熟食产品的容器。

聚苯乙烯（PS），以不同的形式生产，聚苯乙烯结晶用于制作CD和药丸瓶的珠宝盒，高密度聚苯乙烯用于制造乳制品的热成型容器，泡沫聚苯乙烯用于制成杯子、盛放食品（汉堡包）的蛤壳式包装，装配肉类的托盘和鸡蛋盒。

其他类（Other）用于制成3到5加仑（1加仑≈3.785升）可重复使用的水瓶、柑橘汁和番茄酱瓶、烤箱烘烤袋，阻隔层和定制包装。

图3.81
Plum Baby Organic
泡芙的包装。

生物塑料

生物塑料是由可再生原料如淀粉（玉米、马铃薯、木薯粉）、纤维素、大豆蛋白、微生物和农业副产品等制成的，不含石油。有些生物塑料可以降解或制成堆肥。淀粉基生物塑料由于具备吸湿能力而被广泛应用。从甘蔗或葡萄糖中提取的聚乳酸（PLA）是最早用于包装的生物塑料之一。生物塑料的透明度与PET以及其他塑料制品的透明度不相上下。生物塑料重量轻、耐用，外观与其他塑料相似，并具有类似的防潮和防气性能（见图3.82）。它们通常被制成盛放水、饮料和奶制品的瓶子、食品包装（外卖容器和托盘）、胶卷和袋子。在生物塑料使用中，最大的障碍是还没有完备的回收利用的基础设施来将其与其他石油基塑料分离，因为后者对回收系统会造成很大污染。

泡罩式包装

泡罩式包装通常由聚氯乙烯（PVC）制成。这种包装结构是经热成形加工而包裹在产品的前表面，使消费者能够通过透明塑料直接看到产品本身。泡罩通常会附着在一块起支撑作用的纸板上，纸板上会印有包装设计的各种平面效果，也可将

图3.82
货架上采用生物塑料制作的TWIST海绵包装。

平面图案直接印制在这种塑料结构上。衔接式泡罩或称双泡罩（壳式包装）则是在产品的正反两面均包裹上泡罩，从而使消费者可以看到产品各面的效果。

典型的泡罩式包装都会在包装结构的顶部打孔，以便能够固定在零售商店里的挂钉上销售。玩具、大批量销售的化妆品和个人护理产品、非处方药、电池、电子产品和五金类产品，如钉子、螺丝和其他小型物件就是通过泡罩式包装进行销售的产品（见图3.83）。

图3.83
维他命水唇膏产品的泡罩式包装。

在过去，泡罩式包装虽容易开启，但同时也增加了产品被偷窃的风险。如今，新式泡罩设计则大大增加了开启难度（这也使消费者们觉得费劲），但这种设计能有效避免产品在店内遭到偷窃。

新式泡罩式包装的创新之处在于这种包装采用了一种柔性塑料“皮”来包住产品，紧贴在产品和纸板上。这种透明塑料通过加热软化后便可围绕着产品和纸板在纸板背面收缩。这种柔性泡罩可以替代传统的泡罩包装，因为它可以在任何形状的产品周围成形，而不是预先形成特定产品的形状。它在提供产品可见性的同时，可以尽可能地减少对塑料的使用。

玻璃

玻璃容器的形态、大小和颜色各异，是适用于大多数产品门类的常见包装材料。玻璃可被塑造成各种独特的形状，可以设计成各种大小的开口，应用各种压印图案，还可通过其他修饰方法提升包装设计的整体效果。配合采用各种标贴工艺和印刷工艺进行创新，可使包装设计极具专属个性。玻璃有良好的化学稳定性，即它不会与所盛放物质发生反应，这使它易于成为食品、药品的包装并成为其他易与产品发生不稳定反应的包材（如塑料）的替代品。

与纸板相似，玻璃是一种可以替代塑料的包装材料。玻璃通常较重且易碎，这会影响加工成本和运输成本。但另一方面，由于其独特的视觉效果和质感，玻璃又令人感觉它是一种可靠而独特的高品质材料（见图3.84、图3.85）。因此它经常成为香水、化妆品、医药品、一些饮料及其他美食产品和奢侈品的首选包装材料。人们往往觉得盛放在玻璃包装中的产品在外观、气味和口味上要更好一些，因此许多酒类和非碳酸类饮料，如能量型和运动型饮料、茶饮、果汁，甚至瓶装水也都采用了玻璃容器包装。但现今，一些模仿玻璃质地的塑料瓶也悄然崛起，正与玻璃材料开展着激烈的竞争。

金属

金属包装以锡、铝和钢为原材料。生产金属的原材料种类繁多、数量丰富，从而使得这种包装材料的生产成本非常低廉。加工食品、喷雾、油漆、化学品和汽车用品就是最常使用钢制包装罐和包装瓶的消费品。铝材常用于碳酸饮料、保健品和美容用品的包装，覆有铝箔的容器多用于烘焙食品、肉类和预制食品的包装。

图3.84、图3.85
巴萨诺（Bassano）苏打水包装。
设计公司：Dossier Creative
客户：Bassano Hard Soda

金属包装罐

金属包装罐自19世纪早期就已问世，用于盛放英国军方的食物供给，随后传入美国，成为镀锡罐或铁罐。

如今的金属包装罐常常重量很轻，并且涂有各种防止金属材料与产品发生腐蚀反应的介质。包装罐通常设计成两件式或三件式。两件式金属包装罐包括一个有底的圆筒结构和一个另外装配的顶部结构。这种包装罐没有边缝，因此更便于在整个圆筒表面进行印刷。碳酸饮料罐就是经印刷装饰的两件式金属包装罐的典型案例。三件式金属包装罐包含了顶部和底部各种单独装配的圆筒结构。典型的三件式包装罐常附有纸质标贴，以便展示品牌商标和产品信息，例如罐装蔬菜和汤类食品。有些三件式包装罐的表面上直接印有包装图案。三件式包装罐可隔绝空气，因此其货架寿命更长久；与玻璃相似，这些金属包装罐也不易发生化学反应，因此可为产品提供良好的保护。金属包装罐强度高、占用空间少且可回收利用。其中，金属锡罐可被加工成各种形状与大小（见图3.86）。

包装软管

金属和塑料包装软管通常是医药品、保健品和化妆品，如霜、啫喱、油、身体乳，以及其他半油状产品，比如黏合剂、密封胶、填缝胶、油漆和其他家用产品及工业用品常用的包装结构。经过特殊材料覆膜处理后，金属管就不会与内装产品发生反应，因此可以有效保护产品，而且其质地重量很轻。

软包装

软包装涵盖了由锻纸和塑料制成的一系列包装结构。常见的软包装形式有包装袋、套筒和薄膜包装材料。软包装结构通常内部填充有产品（如面包）或包裹在一个产品（如肥皂）周围。

柔软的包装袋一般由数层塑料膜压制形成，每层覆膜都有其特定功能。外层膜非常适于印刷，可由塑料、金属化膜、金属箔层或者纸制成。塑料膜可经“逆向印刷”工艺处理——将图案设计翻贴并印刷在膜的后面或内侧（即膜下印刷或称埋式印刷），

图3.86
可口可乐和零度可口可乐的包装。
这个铝制瓶重现了该品牌的经典玻璃瓶造型。

以便防止这些图案直接暴露于零售环境中而受损。覆膜的中间几层通常会为产品形成阻隔保护。根据柔软材料的性能以及产品的具体组成，多层覆膜结构有助于保持产品的货架寿命。虽然一些柔软材料也许不可再生，但这种包装重量很轻，使用材料较少，非常容易压平，且在废物流中占据的空间也相对较少，从而得到广泛使用。

创新材料、制造技术和填充工艺的不断升级对软包装行业的持续增长做出了巨大贡献。随着人们对便利性包装和更长保质期的需求不断增加，软包装便成了一种有效且美观的选择（见图3.87）。

图3.87
落基山巧克力工厂产品软包装。
设计公司: Dossier Creative
客户: 落基山巧克力工厂

标贴

标贴通常由纸、纸质覆膜或塑料薄膜制成，背衬可以选择是否带有压力敏感型胶黏剂。标贴可以是全包裹式，也可以模切成各种形状以配合包装的轮廓结构（见图3.88）。热收缩膜也可用于标贴使用。这种材料在受热以后就可进行伸展，并包裹在其覆盖对象的周围。塑料容器、玻璃瓶、包装罐以及其他硬质包装结构都可由这种软包装材料包裹。我们可以事先在热缩薄膜上印刷各种包装设计图案，这样即使是那些难以直接印刷的包装曲面和复杂表面也能被完全覆盖（见图3.89）。

图3.88
Donovan's Cellar腌制产品标贴。
全包裹式纸制标贴。
设计公司：united*
客户：Brendan Donovan's

图3.89
Tonic保健产品标贴。
热收缩膜标贴。
设计公司：Little Big Brands
客户：PurBlu Brands

闭合结构

作为包装结构部件的闭合结构可用于包装瓶、包装罐、包装管和纸盒。常见的塑料闭合结构有螺旋盖、铰链式盖、推拉式闭合结构（常见于水瓶和可挤压式食品容器）、喷嘴及泵式结构。金属闭合结构包括凸耳盖（译注：用于玻璃瓶的金属盖，盖内有塑料溶胶密封垫，盖上有一系列等距离朝内凸起的耳状物）、螺纹螺帽盖、罩盖、打孔筛盖和拉盖。闭合结构提供重复封口和重复使用功能，并可回收利用。此外它还能防渗漏，避免被儿童误玩，并可显示包装是否被擅自开启。一些闭合结构还在加工时配了铝箔电磁感应封条，能够起到阻隔保护作用，进而延长产品的货架寿命。

特定的品牌或产品还常常会为其专门设计的塑料或金属闭合结构申请使用新型专利。闭合结构可使包装更加独特，并且可以搭配颜色和图案呈现，增添产品在货架上的装饰效果。

创造变革

在过去的几十年里，消费者对包装废弃物（即在产品使用后留下的包装材料）的认识很少，因此这很少会影响到消费者的购买决策。今天，包装设计师们有责任来传播包装使用的材料和制作工艺，以及使用完包装后的最终材料处理方法，并与市场营销人员和生产商通力合作，将可持续发展的包装作为包装设计过程的一个重要组成部分。

消费者要对“漂绿”（greenwashing，假借绿色环保之名蒙蔽公众的做法）引起警惕，营销者如果在可持续性问题上欺骗或虚假宣传，会造成对品牌的信任危机。过度使用未经认证的符号和标志，也会使真正生产和销售可持续产品的营销商或制造商的商

图3.90
Stop the Water While Using Me! 个人护理系列产品包装。
设计公司：Korefe
客户：T.D.G. Vertriebs GmbH & Co. KG

图3.91
GIVE矿泉水瓶贴。
设计公司: Little Big Brands
客户: PurBlu Brands

品贬值。各国政府和管理机构目前正在对此制定营销环境的索赔准则。

现今越来越多的人开始具有环境意识，并将其作为购买决策的考量。设计师通过设计出与消费者可持续价值观相一致的产品包装，诚实负责地传达产品包装的可持续性特征，这能有效地帮助品牌赢得更多的市场（见图3.90、图3.91）。

有关结构与材料的要点

- 在设计过程中考虑“从摇篮到摇篮”的概念以及包装的完整闭环生命周期
- 使用可再生或可循环材料
- 推广再利用和回收包装，以及合理的包装处理方式
- 提倡减少一次包装、二次包装和过度包装
- 在每件包装设计任务开始之初就考虑到材料相关的优缺点
- 了解包装的尺寸大小、形状、结构与材料
- 在保护产品的同时，尽可能使用材料数量最少的包装方式
- 考虑所选材料在零售条件下与使用过程中的性能表现
- 评估用于评价材料和工艺对环境造成负担的流程

生产规划

“以终为始”是包装设计师的一句座右铭。设计师们必须本着认真负责的态度，仔细考虑材料及各项生产要求，力求开发成功的包装设计作品。从包装结构开始，无论是硬纸盒、塑料瓶、玻璃罐还是软质薄膜袋，设计师都必须清楚包装设计将会采用何种印刷方式，包装成品将会以何种方式装配，以及包装整饰方面的所有技术要求。设计师必须对产品可能用到的各种各样的包装材料和结构的生产工艺进行全面了解。

在设计工作开始之前，设计者就应该与客户以及生产团队一起评估生产方面的问题，并针对具体问题进行处理。如果预先解决了主要的生产问题，那么设计过程中的各方合作将会变得非常顺畅。一件包装设计的成功不仅仅依靠一个有销路的设计创意，也取决于这个设计方案与最终实际生产落地后的契合程度。

包装设计师们必须清楚了解以下事项：

- 产品包装的尺寸大小、形状、结构与材料
- 最适合零售环境、性能最佳的材料
- 包装设计的可持续性
- 生产文件输出的各种问题，要确保文件可用于印刷自动化生产流程
- 具体材料的印刷要求
- 品牌在全球范围内对包装设计的不同要求，包括：包装结构、语言的要求以及设计方案的本土化等

生产中的主要目标包括：

- 评估包装材料与生产流程的可持续性标准
- 保障包装设计的完整性及生产质量
- 始终遵守时间进度安排
- 严格控制生产成本
- 避免各种不必要的修改
- 合理利用生产技术
- 提交一份切实可行的设计解决方案，可根据具体情况进行延展和修改

工作流程

理想情况下，包装设计是通过一种协作的方式，在技术水平非常先进的工作环境中实现的。整个设计过程使用最先进的电脑软件。从最初设计概念的创建，到合成开发，再到印前生产，技术的娴熟程度是包装设计成功生产的关键途径。

电脑图形软件的进步为包装设计人员提供了许多集成工具，可以用于品牌商标设计、包装图形设计、图像修饰、构建轮廓结构、生产包装模具，并制成最终的生产设计完稿（用于印刷或制造）。三维建模软件能使设计人员在立体模块中呈现出更为真实的包装设计效果图，从而使客户在生产之前便可通过电脑屏幕预先看到包装的样貌。包装设计效果图可作为评估依据，降低成本，行之有效地加快产品的上市时间。

建立一套由各方项目负责人员进行管理，经客户审批，直至最终投入生产的工作流程系统，能有效将包装设计概念引向合适的包装生产渠道，以确保包装设计研发工作的有序开展。

包装设计的工作流程，一般从设计概念出发，有时只有几个方向，也可能有无数个方向。最初的构想也许从手绘草图开始，然后逐步演化为电脑上的数字稿件。通常在设计公司的工作流程中，大家都会一起分享设计方案，无论是由设计师个人还是一个团队

集体构思的，并经常从一个工作组传递到另一个。所以，在整个设计工作流程中，特别是在最终的生产阶段，应该以标准的格式创建文件，并对其进行有效管理。为确保工作效率，设计公司往往会与生产厂家共同制订规范的文件管理协议。

在工作流程中，为使设计文件能与他人共享，必须确保文件的完整性，并在文件夹中包含所有组件。只有这样才能方便他人在其他电脑打开时顺利操作，加载所有需要的图像、设计元素，并正确使用放置在文件夹中的电脑字体。这些文件从项目成立之初就应该进行分门别类的规范管理，这样就能让设计师们、设计公司的各个部门、客户以及印刷工厂都能轻松地访问并找到项目的必要文档，且能查看创意工作的整体进程。

系统地对文件进行命名，也是文件管理的一个重要组成部分。文件必须包含标准的文件扩展名，这样可以确保该文件在相关的应用程序中能被顺利打开。文件扩展名总是在文件名末尾的标点之后，如.doc或.docx（Microsoft Word）、.ai（Adobe Illustrator）、.psd（Adobe Photoshop）和.pdf（Adobe Acrobat）。由于可能会有许多人使用同一个文件的情况，所以文件命名需要能反映其内容，在修改后需要标注其修订时间及其他相关信息。无序、错误命名和命名不当的文件，会导致我们为寻找正确的文件不断打开和关闭错误的文件，从而浪费大量的宝贵时间。

图像分辨率和文档类型

包装设计中，图像往往采用插画或照片形式，此外还可以通过扫描的方式，将纸面的内容保存为电子文件。在扫描工作中，首要步骤就是了解图像质量的分辨率——电脑屏幕上每英寸像素的数值（ppi），适合印刷到每英寸点的数值（dpi）以及某项特定设计工作所需的分辨率（高精度、中精度、低精度）之间的区别。ppi是数字屏幕图像中的像素标准，而dpi是在印刷生产时需要的像素标准。dpi像素越高，打印图像的色调质量就越好。通常，为提高工作效率，用于设计概念演示的初稿往往采用低分辨率（比如72dpi）的图像进行设计。但一旦定稿，这个图像作为完稿印刷时，就需要准备好高分辨率的图像（300dpi是印刷分辨率的一般标准）。设计师们常常通过各种软件程序对图像的颜色、亮度、对比度等各种设计元素进行修饰优化，但作为优质印刷输出的图像文档，最终还是取决于分辨率的高低。这就意味着不是所有的图像都适合放大的，有些图像放大后会明显失真。图像文件格式需要与最终的生产标准相匹配。为符合不同目标的拷贝要求，我们需要认真评估图像的文件格式。

文件有多种保存格式，最常见的几种图像文件格式如下。

TIFF：是一种灵活的位图格式（由称作像素的单个点组成的），广泛应用于应用程序之间图像的交替使用，可以在几乎所有的图形和排版设计程序中导入，是存储图像的首选格式。

EPS：基于矢量和位图文件。大多数图形和排版设计程序都支持此格式。

JPEG：是一种基于网页的常见图像格式，用于展示连续色调的照片或矢量图像。

PDF：可显示矢量和位图图像，是Adobe Illustrator和Adobe Acrobat中的常规格式。可用PDF文件格式向同事及客户、印前服务商或者打印商传输电子文件。多数电脑上的Mac和PC操作系统上都可以免费下载Adobe Acrobat Reader，但仅支持用户阅读，不能创建和编辑PDF文件。

图像文件的最终用途决定了该文档保存的类型。因为各种文件格式在分辨率、色彩质量和生产相关等技术属性上各有不同，设计师在规划生产前就必须明确图像和文件的最终用途，这极为重要。

字体、形状和其他平面元素在输出前通常要转换为轮廓图或矢量图。由若干直线、曲线和点组成的矢量图可以生成各种形状，并可在形状内填充颜色。作为一种特殊字体而引入的文字符号可转换为矢量图（在Adobe Illustrator中字体菜单下的“创建轮廓”）。矢量图能够保持字体的设计风格和特征，而且无需在生产机械上装载各类字体文件。在转换为矢量图后，这些线条会被显示为数小段直线或弧线，从而产生不同宽度（粗细）和颜色的轮廓线条。矢量图不受分辨率的束缚，在放大或缩小后不会损失原有图像的清晰度和任何细节。通常设计师会选择将PDF格式的输出完稿发送给印刷商，但如果选择将Illustrator或Photoshop文件作为输出完稿时，就必须注意需把完稿文件里的字体格式转化为矢量轮廓，或将原有字体拷贝到文件夹中一起发送。

包装刀版图

一旦确定了包装结构和材料，设计师通常会从客户或包装生产供应商那里收到包装刀版图的数码文件。这个刀版图就是该包装设计结构及布局的蓝图，并附有准确的

图3.92
折叠纸盒刀版图。
反向插入式纸盒与同向直插式纸盒（见第116页）。

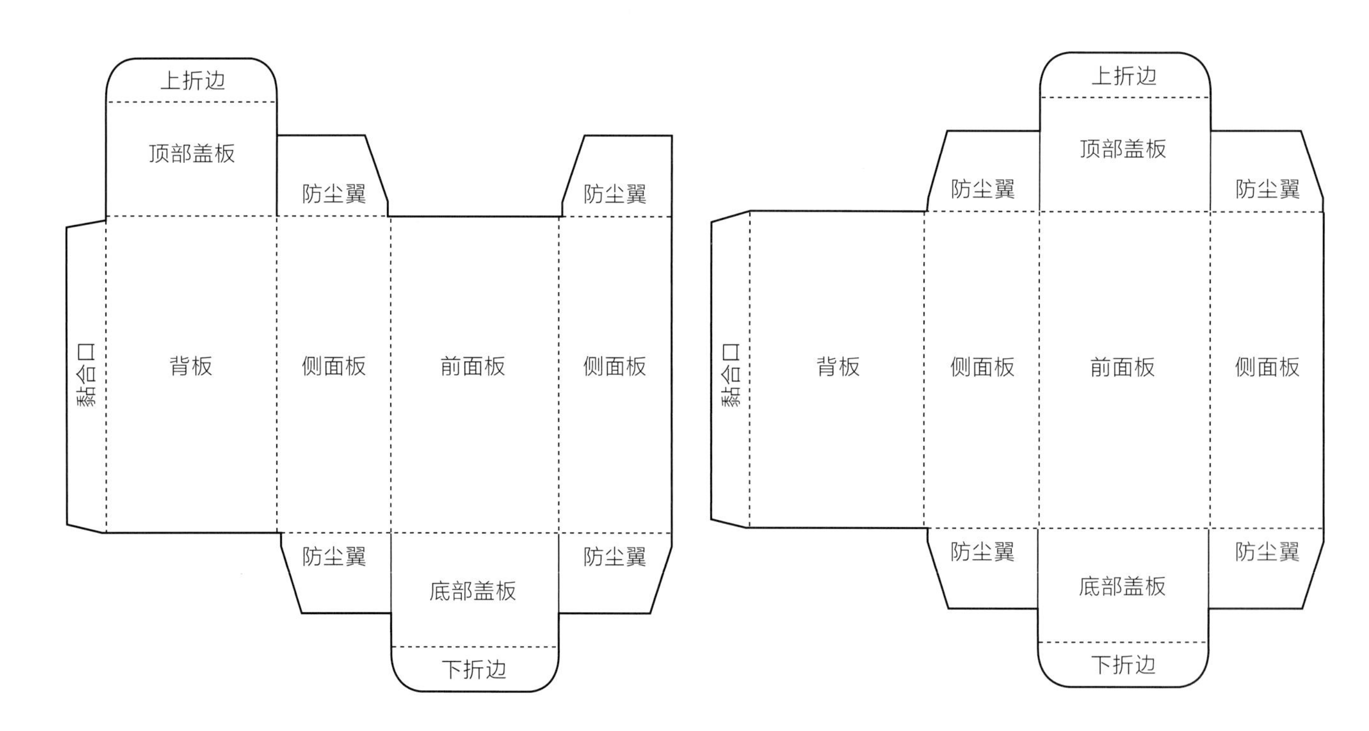

长、宽、高的尺寸和具体的生产规格的信息标注。实线代表切割线并显示包装展开的轮廓或外边缘，虚线代表（折叠纸盒、裱糊纸盒等的）划痕线，折痕方式通常是用一把金属尺按压在纸板或其他材料的外表面上。然后就是黏合口，可以用胶水或黏合剂连接纸盒黏合处成形。刀版平面图中会标注对印刷边缘的要求以及施胶的具体方法，设计师通过使用电脑绘图软件将品牌信息与各种平面设计图案制作到刀版图文件中（见图3.92）。

包装工程图

包装工程图是用于包装设计最终生产的电子文件或图纸，通常印刷商会根据设计师提供的包装刀版图来绘制包装工程图。在制图时，应把包装刀版图设置为Adobe Illustrator文档中的第一图层。所有的平面元素、图像和字体排版内容则放置在另外创建的图层中。包装工程图的各图层的创建与内容，取决于实际包装制作时所具体采用的印刷工艺。由于每个印刷工艺环节都需要对应不同的文件格式，所以在创建包装工程图之前必须充分了解这些文件格式。

必须要使用Adobe Illustrator和Adobe Photoshop软件中的图层工具，这样才能把一个文件中的各种图像和设计元素分门别类。使用图层设置还能有效防止文件的各个元素在生产过程中被错放或被设置为错误的格式大小，并且可以单独提取各个元素，方便修改。此外，图层工具还能有效排除修改设计元素后所产生的错误风险。

文件交付和印前检查

“印前检查”（Preflight）是对输出文件进行最终审阅的术语，以确保该文件已经为印刷做好了全面准备。用于印前检查的软件有助于验证和收集文件印刷时必须包含的字体、图像和其他元素。

印前检查的内容包括：

- 正确的文件名称及扩展名
- 包含多个图层的包装设计完稿
- 清晰的剪裁标记和印刷边缘的出血标注
- 与印刷要求相匹配的设计文件格式（根据印前服务提供商和印刷商的要求）
- 从文件中删除多余的元素、字体和颜色
- 文件夹中拷入字体文件（只包括该家族字库中自带的标准格式，如粗体、斜体和常规格式，不包含通过软件定制的创新特殊字体格式）
- 链接图片文件存放的正确位置（Photoshop、EPS或TIFF文件）
- 根据画面布局，缩放、剪裁图片到适当的大小
- 印刷规格，包括实际生产的指示信息，如颜色规格、特殊的整饰工艺和软件版本的相关标注
- 对印前服务供应商和印刷商的电脑平台的检测及其他要求
- 制作包括包装工程图在内的所有文件的备份文件夹

色彩与印刷

包装设计一般采用多色印刷，最常见的印刷方式是四色印刷。四色印刷过程需要用到四种印墨：青色（Cyan）、品红（Magenta）、黄色（Yellow）和黑色（Black），简称CMYK。有了这四种颜色，就能创造出其他各种颜色，它的原理是依靠不同角度来创建大小不同的色点，从而构成彩色图案。大小色点的排列决定了印刷出来的颜色。

选用彩通（Pantone）色卡配色系统中的“专色”（spot），可以帮助建立颜色的标准，在不同印刷商的多批次印刷中保持精确性和一致性。专色可用于单色、双色和三色印刷工作，或与四色印刷相结合。通常品牌商标或品牌识别中的某些特定元素会被设计为特定专色。在这种情况下，一旦颜色被确定下来，就需要在应用执行阶段对专色在不同媒介的复制进行严格精准的把控。由于颜色总是会随着每次印刷批次和印刷机的变化而产生差别，所以在每次印刷时必须进行色彩校正，并在初次印刷时确定可接受的颜色偏差范围。只有创建了色彩标准，才能避免因印刷质量、印刷条件、各批次的印刷数量及用料的不同而产生的色彩偏差。

新奇士（Sunkist）糖果包装

Phase 4设计集团总裁鲍勃·阿维诺（Bob Avino）提供了一个关于新奇士糖果包装印刷生产的案例总结（这个项目是他在担任IQ设计集团总裁期间完成的）。

完成一款融合十种颜色的包装的机会实为罕见，与Simply Lite Foods公司合作开发的新奇士糖果包装项目就是其中之一。我们的客户与中国汕头的一家印刷公司签订合同，为这款“活力满满”的糖果产品生产八款软包装组件。碰巧的是，这家印刷公司新近从意大利购买了一台13色轮转凹版印刷机。我们的客户允许我们从这13种墨水颜色中随意选用，这使得我们能够达到追求卓越的新奇士公司对颜色标准的严格要求。这个颜色标准中包括四种彩通色，以及为了描绘水果和糖果艺术画面所需要的额外的一些CMYK颜色，还有为了展现产品口味和多样性而增加的一些其他的彩通色。

我们遇到了一个巨大的挑战，由于这个印刷项目在中国，我们团队没法安排人员去现场跟单。因此，为了能使印刷生产达到最佳效果，我们将新奇士的图标和产品包装所涉及的所有颜色，单独创建了分色文件，这些文件由CMYK通道和其他6个彩通色通道组成。最终在正式印刷前，我们一共创建了12个独立的.psd（Photoshop）文

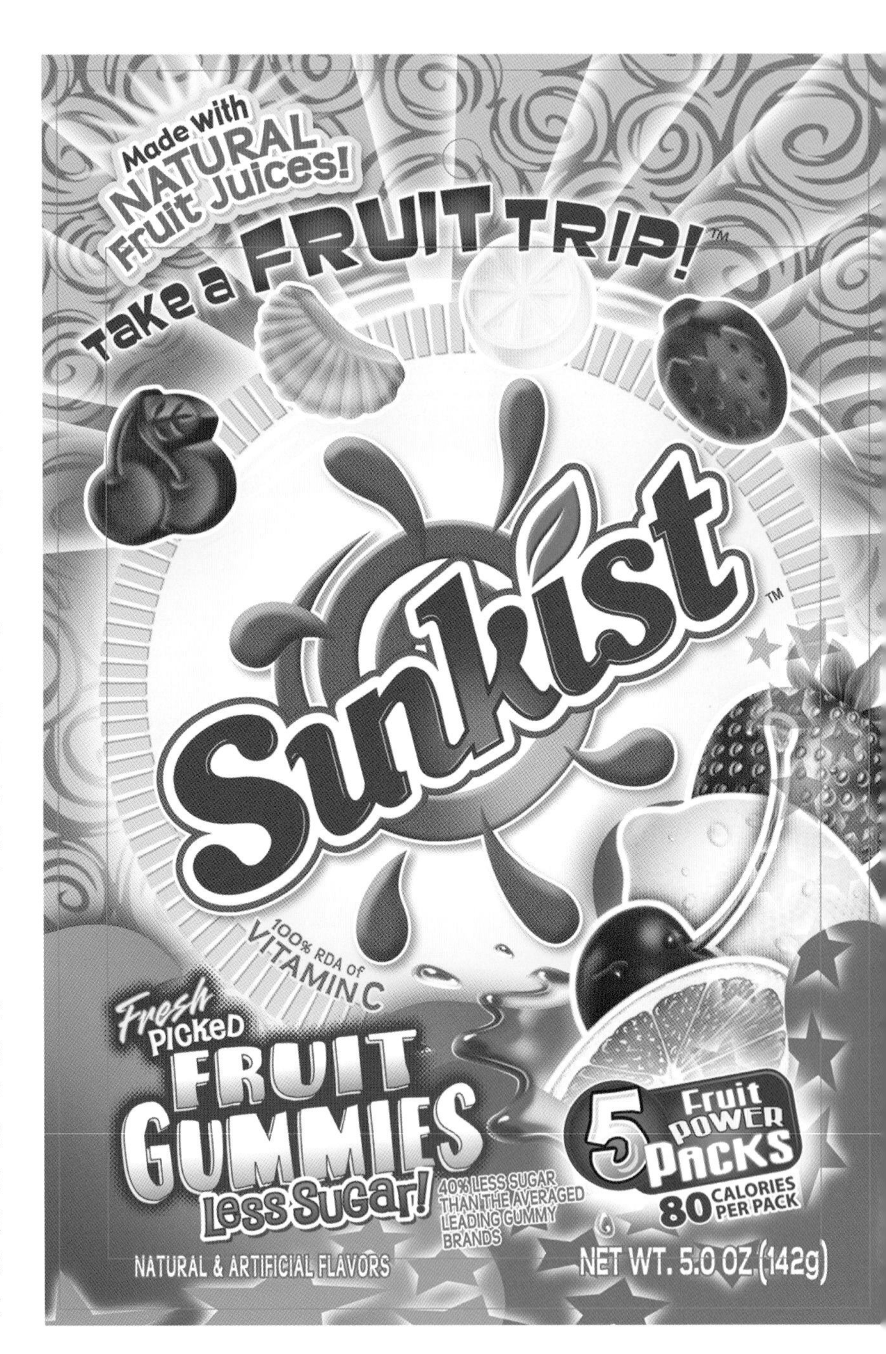

件。我们还为印刷公司准备了10个独立的PDF文件用于对比。客户还要求我们在印前的文件中加上滚筒印刷标记，以便我们在实际印刷之前与美国的打样颜色进行对比。通过如此认真严谨的工作，我们换来了这个项目的完美答卷，全部10个包装组建都没有遇到任何生产问题（见图3.93）。

图3.93

新奇士印刷生产文件。

生产总监：鲍勃·阿维诺

客户：Simply Lite Foods

品牌通常会选用特定的颜色来设计品牌形象。一旦这些颜色被指定，将它们准确复制是至关重要的。由于颜色在不同的打印机之间可能会有所不同，所以应该在打印初始时建立色彩标准，并定义可接受的色差范围。制定标准可以防止因印刷质量、印刷条件、印量大小和材料差异而造成的颜色差异。

专色的数量、印刷工艺、印刷材料、印刷机种类，以及成本、预算等条件综合决定了印刷色彩的具体要求。使用标准的四色印刷，就意味要将数字工程图中的所有彩通色都必须转换为CMYK的等效颜色。虽然电脑软件能够将各种颜色转换CMYK的对等形式，但是电脑数值转换未必能达到精确匹配的效果。因此必须始终进行印前打样测试，以检测颜色的精确程度。如果除了CMYK颜色之外还选用了专色，只要它们在印刷限定能力范围内，并且使用数量不超过印刷机对颜色数量的最大限度，我们就可以将这类彩通色在数字工程图的文件中设置并实现生产。

色彩管理

由于电脑技术的发展，各种校对程序、印前程序和印刷程序的进步，包装设计的色彩管理已经成为一个对精确度要求越来越高的工作任务。如果将一份电子文件送交给客户，在客户通过电脑屏幕审阅时，文件的色彩就会因显示屏幕的不同而出现差异。同样，同一份设计稿，被打印出来的色彩也会因打印机的不同和打印纸材表面的不同而产生差异。屏幕中所显示的电子文档色彩与打印出来的也可能存在很大差别。因此，想要创建一个同步的颜色查看系统，让参与设计审阅过程中的每个人都能看到并认可相同的色彩效果，是极具挑战性的。

一般彩色样张由印前服务供应商提供，可选用最终的包材进行打样，具体质量取决于其打样技术。要根据包装设计定稿上的视觉效果，仔细观察每种颜色在包材中的实际表现，这些彩色样张是极为关键的色彩管理工具。色彩校对的工作应贯穿于整个设计过程，从客户审阅包装设计概念一直到最终的包装工程图。通过审阅彩色样张的终稿，设计师就能在印前对字体排版、色彩偏差（比如有的部分印上了不同的颜色）、版面套准、排版、文案、字体（包括字体替换问题）和出血（颜色或图片是否超出包装模切线）、分色（每种颜色在其正确的位置）等问题进行及时检查。

印刷工艺

各种印刷工艺间的差异很大，每种印刷工艺都有自身的性能优缺点和注意事项。选择采用何种印刷工艺的因素有很多，其中包括印刷材料类别、印刷质量要求、印刷批次和数量、颜色要求、准备时间（印前准备的时间）、成本预算和场地位置等。

适用于多数包装设计材料（纸和纸板、塑料、软膜、膜层和纸表覆膜以及金属）的印刷工艺包括:

- 胶版印刷
- 柔性版印刷
- 凸版印刷
- 凹版印刷
- 丝网印刷
- 数码印刷

胶版印刷

胶版印刷是包装设计中最常用的印刷工艺。这个工艺是“平板式的”，即印版上的图像区域和非图像区域位于同一水平面上（凹印工艺中图像是凹陷的，凸版印刷中图像区域则是凸起的）。胶版印刷的原理就是油可将水从印刷表面排开，经过一种光化学过程将图像转换到一个可接受油基印墨而排斥水的印版上。印墨构成的图像“转移”到一个橡皮布滚筒上，然后由橡皮布滚筒将图像转印到印刷表面，所以在此过程中，印刷表面并没有直接接触印版。橡皮布滚筒具有弹力，因此能够在许多材料的表面上进行印刷（见图3.94）。

传统胶版印刷的印版是单片供给式的（即单张纸或基材），但如今的印刷机常常采用卷筒供给式，从而能在成捆的纸上连续印刷，有些印刷机甚至能同时在纸的两面印刷。高速印刷机通常用于大批量印刷报纸、书籍和直邮的广告。有了胶版印刷技术的帮助，无论印刷批量是大是小，图像质量都非常出色。

随着印前和印刷工艺技术的不断进步，平版印刷的印版也可直接从电脑设计软件制得，这就是“直接制版”（DTP）印刷，从而免去了底片制作以及其他处理过程。这种印刷工艺节省时间和金钱，但更重要的一点是，此方法降低了制版过程中有害化学物质的用量，因而更加环保。

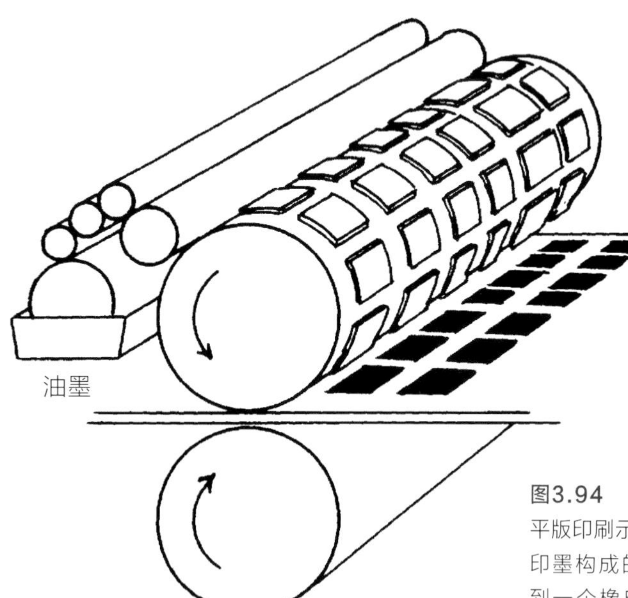

图3.94
平版印刷示意图。
印墨构成的图像“转移”到一个橡皮布滚筒上，然后再由橡皮布滚筒将图像转印到印刷表面，在此过程中印刷表面并没有直接接触印版。

柔性版印刷

柔性版印刷是另一种印刷工艺，适用于多种印刷材料。柔性版印刷也采用柔软的橡胶或塑料印版，而且印版上也制有凸出的图像区域用于承载印墨，这点与凸版印刷相似。在滚筒上滚动时，这种印版就会把图像转印到包装基面上。

瓦楞纸箱、折叠纸盒、纸袋和塑料袋、牛奶包装盒、塑料容器、一次性杯子和其他食品容器、标签、标牌、软性薄膜和金属箔通常都采用柔性版印刷。

干式胶印或称胶版柔性印刷是在金属罐上以及塑料杯、塑料盆、塑料管表面进行印刷的普遍方式，可利用干式胶版柔性印刷工艺对全色图像进行高速、大批量印刷。这一印刷工艺不同于普通的胶印，因为在操作中不用水，而且还需要使用特种印墨，所以这一工艺需要先进的冷却设备和特殊的印版。

柔性版印刷曾一度被视为是一种低品质的印刷工艺。然而，随着科技的不断升级，如今柔性版印刷已成为印刷行业的普遍选择之一。它具有特殊的筛选技术，可以实现更清晰的图像和改进的油墨应用，甚至能够在某些应用领域与胶版印刷、凹版印刷一争高下。柔性版印刷凭借其能有效减少有害物质排放的低成本水基印墨，以及能更少消耗电力运行机器的干燥基板等优势，正逐渐成为一种被广泛使用的可持续印刷形式。

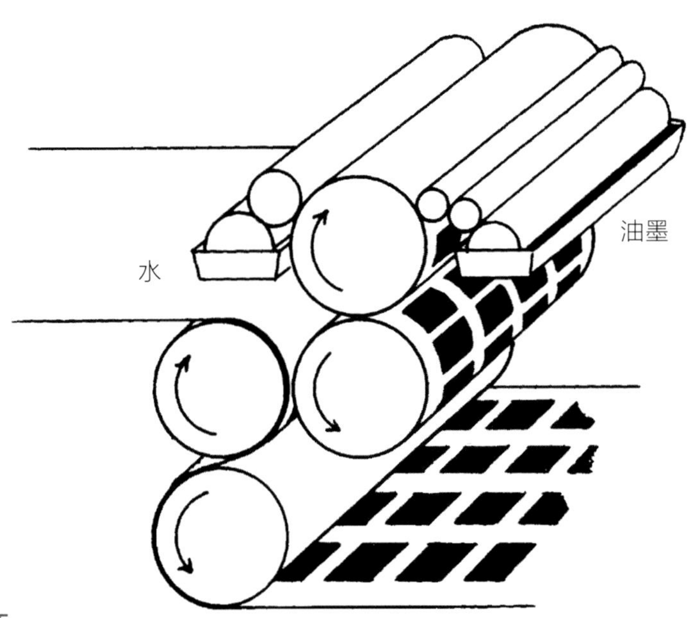

图3.95
凸版印刷示意图。
金属印版上凸出的图像部分承载印墨，并直接将图像转印到基面上。

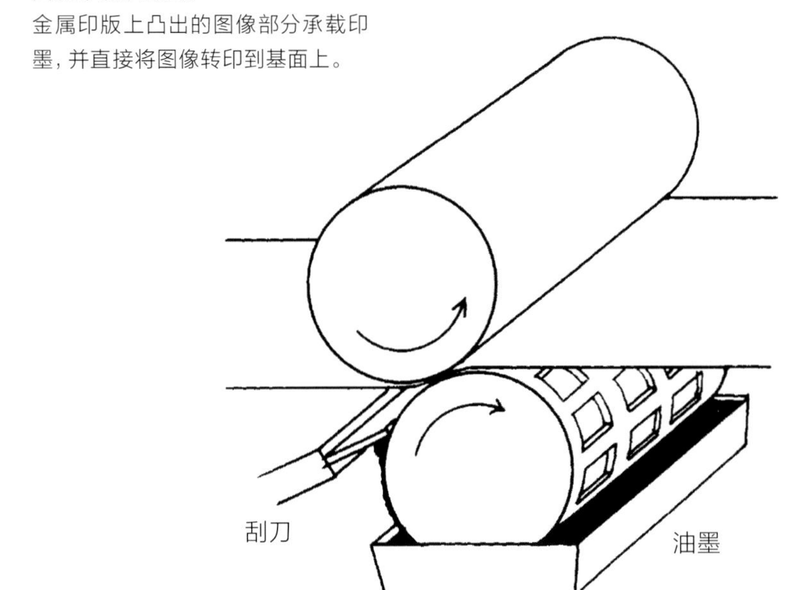

图3.96
凹版印刷示意图。
印版滚筒经腐蚀处理后形成的凹陷区域将承载印墨，由这些储墨凹坑将图像转印到纸张表面。

凸版印刷

作为最古老的印刷方式，凸版印刷（或铅印）利用金属印版上凸出的图像部分承载印墨，然后直接将其转印到基面上。这种印刷技术常用于信纸、贺卡、邀请函、特版图书和其他特种产品的小批量印刷，或与其他工艺（如压凸凹等处理方式）结合使用。以前要在金属印版上制作凸起的图像区域时，人们通常会采用照相雕刻（酸蚀）技术，但是如今金属印版已被由金属与硬质塑料混合制成的感光树脂印版所取代。为了能使凸版印刷制作清晰、锐利的图像并获得高质量的影像，印刷时不应使用线缝或半色调格式的图像，应将图像格式转换为位图模式（使用黑白来表示图像中的像素）（见图3.95）。

凹版印刷/轮转凹版印刷

在凹版印刷工艺中，印刷滚筒经腐蚀处理后形成的凹陷区域将承载印墨，并由这些储墨凹坑将图像转印到纸张表面，这一过程与凸版印刷恰恰相反。当纸张在印版滚筒和压印滚筒之间穿过时，数千个不同尺寸的凹版和深度的微小凹坑决定了印墨转移到纸张上的用量。由于装配时间或者说准备时间较长，且印版造价不菲，所以凹版印刷是一种昂贵的印刷方式。轮转凹版印刷也采用相同工序，只是印刷对象是成捆的纸卷而并非单张纸张。

凹版印刷工艺可以生产出质量稳定的高档印刷品，并能对大批量多色印刷设计稿进行高速印刷。高档包装设计、图书和杂志都可通过使用该种印刷工艺而获得高品质的平面印刷效果。除此以外，经印刷处理的热缩薄膜还能达到玻璃蚀刻或磨砂玻璃类似的效果，不仅可以节省时间，而且它还可以替代昂贵的玻璃加工工序，成为节省成本的理想选择（见图3.96）。

丝网印刷

基于筛板的丝网印刷工艺最适于进行单色或双色印刷。可用于丝网印刷的材料包括纸和纸板、塑料、木材、金属、玻璃、织物和皮革。丝网印刷是在一个木质或金属框架上固定一张由精细网眼人工合成材料制成的网屏，然后再与一个不可渗透的筛板一起使用。在商业丝网印刷工艺中，筛板被创建好之后会通过一种感光乳剂涂层而与网层附着在一起。可使用纸质筛板，或者用上光油直接在网屏上绘制图像。然后把网屏放置在将要印刷的材料上面，接着使印墨穿过筛板，从而使图像设计实现转印。印墨只能从筛板的图像区域通过。一个网屏对应一种颜色，可依次印制多个颜色涂层，从而得到更复杂的图像。每个后续印层在印刷基面上的精确套准定位是丝网印刷中极为关键的一环（见图3.97）。

图3.97
Old Milwaukee啤酒罐。
包装采用丝网印刷工艺。
设计公司: Dossier Creative
客户: Old Milwaukee

数码印刷

数码印刷是将电脑文件直接打印到各种媒介。这一过程不使用印版，其周转速度快、短期（如印刷数量少）、可按需制作（一次一个或根据需要）、印刷质量好。随着激光和喷墨技术的不断发展，包括油墨质量、输出质量、大型印刷的尺寸和速度的提升，以及时间和成本的减少；这种印刷方法得到了大力发展，也促进了其在包装设计领域中的应用。

特种印刷技术

击凸工艺

击凸工艺就是将纸板或其他包装材料，通过运用一对依照图像轮廓而制作的模具，使材料表面上呈现出浮凸式图案的方法。压力和热量能够重塑纸表形状，创造出图像。根据击凸的对象材料不同，模具可由金属、纸板，甚至毡布（如织物的压凸凹处理）制成。击凸可有单级、多级和含斜面等不同方式，而且可与各类印墨、图像或箔层结合使用以便获得特殊效果。同一工序也可进行压凹处理，不同之处在于压凹工艺会将材料的正面压下，从而获得凹陷图案。在玻璃或塑料表面进行击凸处理是制模工艺中不可缺少的一环（见图3.98、图3.101）。

上光油和涂层工艺

上光油和涂层工艺常常以高亮的、缎面效果、暗光的和亚光的整饰材料为基础，从而创造出各种视觉效果。上光油可覆盖在印墨上，使印刷表面免受磨损，从而起到保护作用。各种上光油都可溶于汽油，常作为印刷机上一个标准的供墨站。局部点上光是指一种在照片或其他平面图像的局部施涂光亮剂，从而与较暗的印刷表面形成对比的加工工艺。通过局部点上光技术，更加光亮的图像就会跃然纸上，而且当在单色设计中应用该项技术时，其更能创造出一种独特的视觉效果。上光油提供了一种较为灵活的涂层附加方法，且不会出现涂层下印墨渗漏的风险，并可用于任何重量规格的印刷基面。

水性涂层是保护包装设计上的印墨，使其免受磨损的另一种方式。水性涂层有亚光、暗光、缎面光泽和高亮等各种整饰效果。这些水溶性涂层还可用于较重的纸材和基面材料。紫外线固化涂层中使用的整饰材料与水性涂层工艺相同。把这些整饰材料暴露于紫外线照射之下，即刻就能干燥，这样不仅可以节省印刷时间，而且还能提供最佳的（但是也是造价最昂贵的）防磨损保护。

图3.98

烫印工艺

烫印工艺是一种通过加热或加压的方法把在薄膜或箔层上的图像转移到纸板或塑料上的装饰工艺。经过加热模具的按压，图像就会从承载它的膜层转移到纸板或塑料基面上，并形成一层覆膜。热压工艺常用

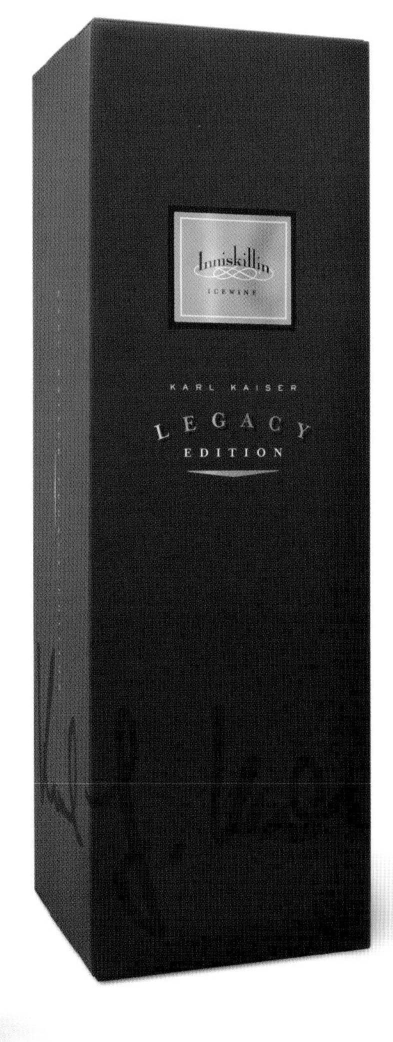

图3.99

图3.100

于文字、标志和其他平面图像(见图3.99至图3.101)。

模内贴标工艺

压敏、施胶、热缩套管、热传递箔层和贴花纸都是传统的为吹塑瓶、注塑容器以及玻璃瓶标签贴标的方法。上述工序通常在完成这些容器的加工生产之后(即成形之后)进行。模内贴标则是一种预先装饰工艺,可用于吹塑、注塑包装瓶和包装容器。具体方法是将标签放在敞开的模具内,在塑料被压入或注入模具之后,标签就会固定在该塑料产品的内部了。模内贴标使标签成为包装的内结构部分,虽在表面,但已嵌入塑料容器壁中。

在吹塑过程中,常用的标签材料就已经被置入印刷的膜层,该膜层材料与容器材料相同(聚酯和各种聚乙烯、聚丙烯材料),其前表面附有一种可经紫外线或电子光束处理的保护涂层,后表面则涂有一种热封胶层以便应对吹塑过程。在吹塑过程中,热封层会与该容器融为一体。在注塑过程中,标签材料通常是由与容器相同的材料制成的印刷薄膜(聚酯和各种聚乙烯和聚丙烯),聚丙烯是最常用于容器和标签制作的材料。在注塑过程中,高温会将标签与容器结合成为一体,而无需在该膜层后做表面施涂热封层。

随着技术的进步,只需一步处理就能生产出直接置于包装结构之内的完整标签组件。各种图像,如照片和插画都能做成嵌入式标签,而无需在包装结构的外表面黏附。经过这种工艺处理,标签就同时成为结构部分和装饰部分,包装的重量也会随之减轻,可相对原来减重15%,而且包装的侧壁也能因此更加坚固(见图3.102、图3.103)。

图3.98、图3.99和图3.100
Karl Kaiser红酒包装。
酒瓶和礼品盒采用击凸工艺和烫印工艺。
设计公司: Dossier Creative
客户: Karl Kaiser

图3.101
史礼文酿酒厂精酿黑啤酒瓶。
瓶身采用击凸工艺。
设计公司: Dossier Creative
客户: 史礼文酿酒厂

图3.102
模内贴标工艺在洗涤剂产品中十分常见。

陶瓷贴标工艺

陶瓷贴标（Applied Ceramic Labeling，简称ACL）是一种"无标签"外形的加工工艺。具体生产方法是将陶瓷粉末与热塑性化学材料（加热时即变成印墨）的混合物通过丝网印刷的方式附着在玻璃容器的表面。这种陶瓷印墨含有玻璃成分，并可在经过传送炉的过程中在高温下烧入玻璃瓶中。相比纸质标签，它更灵活，更具创造性，所以这种无纸化的标贴常常受到设计师们的青睐。此外，陶瓷标贴具有防水防磨损的生产优势，还可围绕瓶体表面进行360度全方位的加工。

ACL图案设计可包含多达三种颜色。与瓶体表面熔合后，这些图案会有凸显的效果，与击凸工艺的制作效果有些相似。由于ACL标贴中的图案可抗酒精、油类侵蚀，并具有永久性和防水性的优势，所以它广泛应用于各类化妆品容器和玻璃饮料瓶中。

图3.103
威斯凯（Wisk）洗衣剂容器包装。
此容器包装属于无标签外观，它通过柔版印刷结合冷烫工艺。
设计公司：Little Big Brands
客户：Sun Products Corp., Wisk

图3.104
Something Natural苏打水瓶。
水瓶印刷使用了陶瓷标贴ACL工艺。
设计公司：Little Big Brands
客户：Something Natural

冷色装饰是一种采用UV紫外线印墨和瓷釉喷涂的加工工艺，它无需高温条件（通过紫外线实现印墨），不含重金属成分且使用色泽更鲜艳的有机色料，比ACL技术更有利于环境保护。这种印墨技术可以应用于表现各种图案和平面元素，也可用于整个瓶体的涂层制作，从而获得类似蚀刻的霜层的磨砂效果（见图3.104）。

酸蚀工艺

酸蚀是一种处理玻璃表面的加工工艺。将氢氟酸涂于玻璃容器上，玻璃表面就会由于腐蚀作用而溶化。与喷砂效果相似，这种工艺可创造出一种具有缎面感的亚光整饰效果。在玻璃表面覆盖一层蜡膜，然后透过蜡层，就像透过筛板那样，采用刮划的方式创造出各种图像，表面于是就呈现出各式图案和平面元素。被刮划过的区域将会经过腐蚀处理。需要注意的是，由于该工艺中使用了高腐蚀性酸，因此具有一定危险性。有鉴于此，人们开始针对降低工作环境危险性、可解决环境问题的各类新的酸蚀方式展开研究。

有关生产的要点

条理清晰的流程安排和对各类印刷生产及加工工艺的广泛了解有利于包装设计的生产。不能转化为印刷流水线生产的包装设计是毫无意义的。无法拓展新的产品线，无法灵活更换材料、结构或基材的包装设计方案将给客户带来后续麻烦。每个包装设计都应遵循工作流程并满足各项生产要求。注重细节和精益求精是包装设计生产阶段需要具备的两项重要品质。

生产方案为包装设计的电子文件以何种形式、选用什么样的生产流程实现生产提供了框架。当包装设计工作进行到最终阶段并准备投入生产时，为最初的印刷定好要求和标准非常重要。消费品公司管理印刷和采购工作或者负责与印刷商交接的生产经理，能为包装设计如何实现其最佳的印刷效果提供有力的支持。生产过程从始到终都可能会要求对包装设计进行修改和调整，因此设计师和生产专家们保持良好的合作关系对于实现项目的成功至关重要。印刷设备的重大变更可能会导致包装设计的调整并增加成本。因此，要想取得最佳的工作成果，就必须在项目之初设定各项工作的规范和标准，并建立起一个畅通无阻的沟通模式。

- 在项目初期，需要考虑可持续性问题与最终生产的可行性
- 设计阶段初期要考虑到生产目标、生产限制等问题
- 针对具体的包装材料，选用合适的印刷方式
- 确保设计的完整性及生产质量
- 始终符合时间进度安排
- 控制生产成本
- 避免各种不必要的修改
- 提供价格合理、可拓展适应性强的设计解决方案
- 与专业生产人员建立良好的合作关系

各项法律法规注意事项

包装设计必须遵守相关政府法规和各项管理标准。各个国家和地区都会对当地进行的产品生产、包装、运输和销售等活动进行管理，并设定各种法律要求。有关包装设计的法律问题有很多，其中包括产品的标贴（包括配料表、营养信息表、产品声明以及条形码的合规性）、具体结构及其材料的合规性和品牌标志或商标的注册等。

虽然客户最终为各项法律和监管事务负责，但是设计师必须了解它们，并确保包装设计符合所有相关法律要求。

制定适用于包装设计的各项法律的目的是：

- 确保包装内产品可以被清晰真实地反映出来
- 在各种正常条件下（从搬运、分销到零售、使用）为包装内含物提供保护
- 确保包材不会对产品本身产生不良影响
- 提高对环保问题的认识
- 有助于产品信息传达
- 保护消费者免受虚假宣传的侵害

违反这些准则可是相当严重的问题，需要承担相应的法律责任。因此，在未获得法律机关对设计定稿的批文之前，任何包装设计都不准进入市场。地方、全国还有国际的监管部门都为申请上市的特定消费品包装设计提供了相关的详细管理条例。

标签要求

在美国，根据包装内含物的不同，管理产品标贴的机构也不同。美国食品药品监督管理局（FDA）就是美国卫生和公众服务部

（HHS）内负责监管产品的机构，具体监管的产品包括食品、饮料、药品、动物和兽医产品、化妆品、烟草和医疗器械等。

FDA负责以下事项：

- 确保食品安全、健康、卫生，并被正确贴上标签以保护公众健康
- 监测人用和兽用药品、疫苗或其他生物制品、医疗器械，以确保其安全有效
- 保护公众免受电子产品辐射
- 确保化妆品、膳食补充剂的安全性和标签的正确使用
- 管理烟草产品
- 帮助加快产品创新，以促进公共健康
- 准确帮助公众获取药品、仪器或食品的科学信息

生产商们必须遵守FDA颁布的各项法律管理规定，这样才能获得FDA的许可或批准，以便产品和包装进入美国市场。FDA颁布的各项规定为各类食品、药品——处方类、非处方类（OTC）和学名药，以及化妆品的标签使用提供了规范。有关标签的规定要求涵盖了各种细节事项，例如：标签的设计应如何突出那些对大部分消费者有用的信息，以及标签应提供有关食品安全、消费者健康、营养成分、产品使用、搬运和存储等方面的信息。这些规定使得消费者能得到足够的信息，以便其能够在充分了解该产品之后再做出购买决定。在FDA的综合网站上可以找到这些标签规定的具体细节。

标签的基本要求：

- 标签必须清晰易懂
- 标签上的信息必须印刷牢固，不易褪色
- 标签上的详细内容必须以该产品的销售地官方语言或地方语言书写
- 应代表生产商向法律机关提交包装设计的效果图以及所有与设计变更相关的文件
- 标签方式或包装方式均应符合国家和地区政府部门制定的相关要求

在美国，每款食品或药品包装上均有英文标签，且标签上应包括：

- 产品名称（品名、商标或生产商名称）
- 生产商或经销商的名称及地址，如果产品为进口商品，则应注明进口商的名称及地址和该食品制造国的国名
- 批号、SKU序号（注：SKU即Stock Keeping Unit，最小存货单位）或有关该产品生产地的说明
- 以含量多少为序的配料表
- 如包装内食品的有效期限少于两年，则应标注“在此日期前食用”（use-by date）或“包装日期”或最低保存期限
- 如最低保存期限少于90天，则应标注“确保最低保存期限内产品有效的存储条件”
- 内含产品的数量、体积、净重或剂量
- 产品的到期日
- 关于如何正确使用该产品的说明，其中包括：
  - ☐ 服用剂量
  - ☐ 服用方法和频率
  - ☐ 如未规定服用方法，应采取哪些措施
  - ☐ 如有必要，有关该产品的使用风险说明
- 特别警告，例如：
  - ☐ 对驾驶能力的影响
  - ☐ “请放置在儿童接触不到的地方”
  - ☐ 适用人群，如“儿童或孕妇忌用”

FDA针对包装设计行业的食品标签和营养指导包括:

- 食品标签指南
- 餐厅和其他食品零售机构的标签指南
- 确定家庭计量等价物的准则
- 菜单和自动售货机标签
- 营养标签
- 健康声明标签
- 啤酒、牛奶、鸡蛋等特定产品的标签(包括冷藏、食用量等)

标签应该使消费者们能够获得关于包装内含物及数量的准确信息,并应方便消费者们对同类产品进行价值比较。政府出台的政策正是为了帮助消费者们和生产商们实现这一目标。任何从事消费品包装或贴标工作的人员均不得为了商业目的,向不符合FDA规定的消费品分发包装或标签。

其他美国政府管理标签的机构还有,负责烟酒等产品的美国烟酒枪炮及爆炸物管理局(ATF)和负责肉禽蛋等产品的美国农业部(USDA)。

知识产权

科技进步和互联网的发展使得知识产权(IP)保护这一问题比以往更具挑战性。在过去,造假者们想要制造假冒产品,他们需要具备平面设计技能、大型印刷设备和分销网络。现今,桌面印刷方式、网络在线营销和具有国际航运公司支持的分销渠道为假冒伪造提供了更便捷的机会。了解知识产权的相关政策、权利和法规,可以帮助设计师和企业家更好地维护他们的设计创新成果。

知识产权(IP)是指人类智慧的创造物:发明创造、文学和艺术作品,以及商业中使用的符号、名称、图像和设计依法所享有的专有权利。知识产权分为两类:第一类是工业产权,涵盖范围包括发明(专利)、商标、工业设计和地理标志的来源;第二类是著作权,涵盖范围包括文学和艺术作品,如小说、诗歌、戏剧、电影、音乐作品以及如绘画、照片、雕塑还有建筑设计一类的艺术作品。

——世界知识产权组织(WIPO),“什么是知识产权?”
详情请查阅:http://www.wipo.int/about-ip/en/

对于设计师和客户来说，理解知识产权对其业务的意义以及如何最大限度地发挥知识产权的价值，是一项至关重要的工作。就简单的商标注册工作而言，准备工作只需短短几周，但到最后完成需要花费大约一年的周期。专利的申请工作至少需要几周，有的数月，但是通常要花两年或更长时间才能真正完成。一个知识产权项目的开发工作经常会持续几个月的时间，但是对这项知识产权的实施和执行却要无期限地进行下去。诉讼则需要几个月至几年不等。在这些领域里，权利与风险是并存的。

——罗伯特·汉隆（Robert Hanlon），知名知识产权律师，
曾多次解决知识产权合同、许可和侵权等相关法律问题

商标

商标指品牌名称、标志、形状、颜色和符号（标记或字符），或者上述元素的任何组合形式。商标被用于区分商品贸易中的各种货品或服务。商标可说明产品的来源，因此也可作为保护产品包装设计的一种手段（当有其他品牌使用了明显抄袭或相似度很高的商标时）。在确定使用哪种商标名称之前，应先在网上进行初步排查，搜索商标名称是否已被使用。在设计过程开始之前，应由一位法律专业人士进行一番相关调查，并给出关于商标保护和注册的建议。从法律角度而言，商标并不是非注册不可的。虽然没有可以保护商标的万全之策，但是，为设计或标志进行注册，的确可以作为保护设计作品免受侵权损害的一种手段，是法庭上的有效证据。

版权

版权可以保护原创作品免受抄袭模仿。手稿、广告文本、包装设计图、图书、图像和音乐都可以获得版权保护。在包装设计中，艺术和设计作品的所有权，属于为该设计服务付费的或者受聘进行该设计的个人或公司（另有书面规定的情况除外）。

专利

作为一种保护发明的法律手段，专利的期限为20年。其关键点在于：只有当发明的持有人能够证明其产品、工艺或商业方法是全新的且与众不同时，该项发明才能获得专利保护。实用新型专利可对机器、配方、加工工艺及方法等发明提供保护，外观设计专利则主要保护工业制造相关的各种创新的外观和视觉装饰有关的特征。总的来说，实用新型专利保护的是技术（专利如何使用和工作），外观设计专利保护的是美感（专利的外观看起来如何）。专利可以使企业具有竞争力，申请的专利证书不需要时刻出示，可以通过专利引擎检索到。

注册外观设计专利

注册外观设计是保护产品包装外观或设计的一种手段。注册内容可以是外形、装饰方式、结构或画面处理方式（如表现形式、图案或角色）。

商业机密和保密协议

产品开发和包装设计工作的竞争强度极大。每家公司都有自己的秘密方案、制作工艺、设计和机密信息。这类信息就是我们所说的商业机密，它涉及公司运营的各个方面，不为公司以外的人所知，因此受到各家公司的严格保护。商业机密有多种形式，例如产品开发成果、市场销售计划、材料来源、供应商名单、一般条款和价格、加工工艺和配方等。

在设计师与客户建立的关系中，保密工作是最为关键的。绝不要在公司以外的地方透露或谈论你与客户交流的设计项目或市场规划等内容。“非竞争合同”和“保密协议”是保护机密信息的法律途径。为了保证保密信息不被透露，客户通常会要求设计公司和设计师签订具有法律约束力的保密协议，其中列举了如果商业机密被设计公司或设计师不当泄露，那么违约方将面临怎样严重的惩罚措施。

假冒伪造

包装设计师、品牌设计师和消费品公司现今共同面对的一个全球性问题就是假冒伪造。假冒的产品在全世界销售的产品中占据了极大的比例。日趋复杂的科技使设计剽窃者们能够创造出几乎所有类别产品的廉价仿制品，消费者们却无从知晓在市面上流通的许多药品、非处方类药品、食品、个人护理产品、香水和汽车用品等其实可能都是抄袭原创品牌的仿制品。

伪造品除了会造成各种法律问题与市场销售问题（品牌贬值、市场份额缩水、市场计划中断）以外，还可能由于产品质量的低劣、含糊不清的健康及安全声明、非法以及不卫生的生产条件给经销商们带来很大风险。因此，不仅对于消费者来说，而且对于那些最终为其品牌声誉和公司声誉负责的经销商和生产商来说，伪造对他们造成了很大的威胁。

伪造是营销者和生产商面临的一大问题。公司一般都会开发安全和品牌保护解决方案，并将其嵌入到产品包装中。全息图像、特种印墨、水印、标签工具和源头追踪等都是甄别产品和包装真伪的有效手段。然而另一方面，这些防伪手段又会明显提高产品成本。虽然保护产品使其免遭仿造的各种创新方法正在不断地被研制出来，但却没有任何一种知识产权保护方法能够完全有效阻止仿造、伪造现象的发生。

有关法律法规事项的要点

- 学习知识产权的术语，了解所要保护的包装设计属性，如专属结构或品牌识别元素
- 确保产品内容清晰、真实
- 确保包材不会对产品造成不良影响
- 在正常情况下（从搬运、分配到零售和使用）需对包装内含物提供保护
- 支持真实发布的产品和包装声明，远离虚假广告

包装设计流程

我们将产品营销策略转化为包装的过程称为包装设计，它的最终目的是将装有产品的完整包装传递到消费者的手中。包装设计最初的功能与需求是基于保护产品本身及其运输，在满足这方面的需求之后，我们还要考虑包装可作为一种行销工具的功能，从而有效促进产品的销售。

设计的前期工作

市场调研简报

市场调研简报是定义产品、服务或品牌营销策略的文件。市场调研简报应清晰详尽，包含创意团队需要了解的所有关键信息，使其对设计项目的性质和范围有一个全面的把握。该文件应概要地指明基本方向，同时又要有的放矢地留有自由发挥空间，以便让设计师探索出多样化的设计概念。

市场调研简报通常涵盖以下信息：

- 相关公司和品牌的背景信息
- 品牌战略和目标
- 设计项目的范围
- 关于趋势及竞品情况的市场调研
- 对目标市场的诠释（包括人口数据统计及任何有关消费者对产品的见解）
- 项目日程安排和预算
- 罗列生产中的各项问题及限制因素
- 相关的监管规定摘要
- 与客户相关的各种环保政策和可持续发展目标

市场调研简报通常包含针对特定产品的各种定性和定量调研结论。定性调研对消费者个人进行访谈或采取其他方式，全面深入地收集消费者对某个产品、品牌、分类和零售机会以及竞品等的价值判断和情感态度信息。定量调研是基于各种消费者数据进行的，是用于市场评估的统计分析方法。调研报告提供了一系列与该设计项目和消费者相关的意见，从而成为设计流程中不可或缺的部分。通过报告中的信息，设计师可以对消费者的生活方式、购物渠道、日常习惯、审美情趣和个人态度有所认识，这也是帮助设计师了解产品市场的一种有效途径，使其开始从战略的高度去考虑设计问题。一份全面的市场调研简报可使创意团队在设计之初就充分了解项目的整体战略与重点，最终的设计成果也就能符合甚至超越客户的期待。

项目招标书

客户公司通常会把市场调研报告提交给数个设计公司，接着就会发出项目招标书，以便选择合适的创意顾问并与之开展合作。各家有合作意向的设计公司会着手准备好展示实力的提案文件，其中包含展示以往设计作品及行之有效的工作方法。此时，双方将会接洽，就项目管理流程、具体项目的工作方法、付款周期等进行讨论。随后，客户就会要求其选中的设计公司提交设计项目议案。

设计项目议案

设计项目议案界定了设计师或设计公司的工作方法，明确了设计项目的具体内容及确定各项目进度，还包含了有关结项审批工作的各项要求及项目整体预算。议案也会对包装设计项目的目标进行复述，这有助于确保合作双方对设计结果达成一致。客户、设计团队、供应商和零售商之间的沟通方式也应当在设计项目议案中做出规定。此外，阐明项目交付内容版权所有权的保密协议和项目条款也常常被列入其中。设计项目议案中涵盖事项的多少则取决于项目目标、客户、客户的预算以及设计师或设计公司的具体流程。在提交设计项目议案后，客户方假如对此感兴趣，双方将讨论剩余的任何问题或相关的事项（如交付时间表、预算、沟通协议等），以准备起草最终合同。

设计的流程（见图4.1）：

第1阶段：调研、探索与发现（对项目进行整体调研和分析）

第2阶段：设计策略（初步设计）

第3阶段：设计发展（将创意概念发展为设计稿）

第4阶段：设计优化

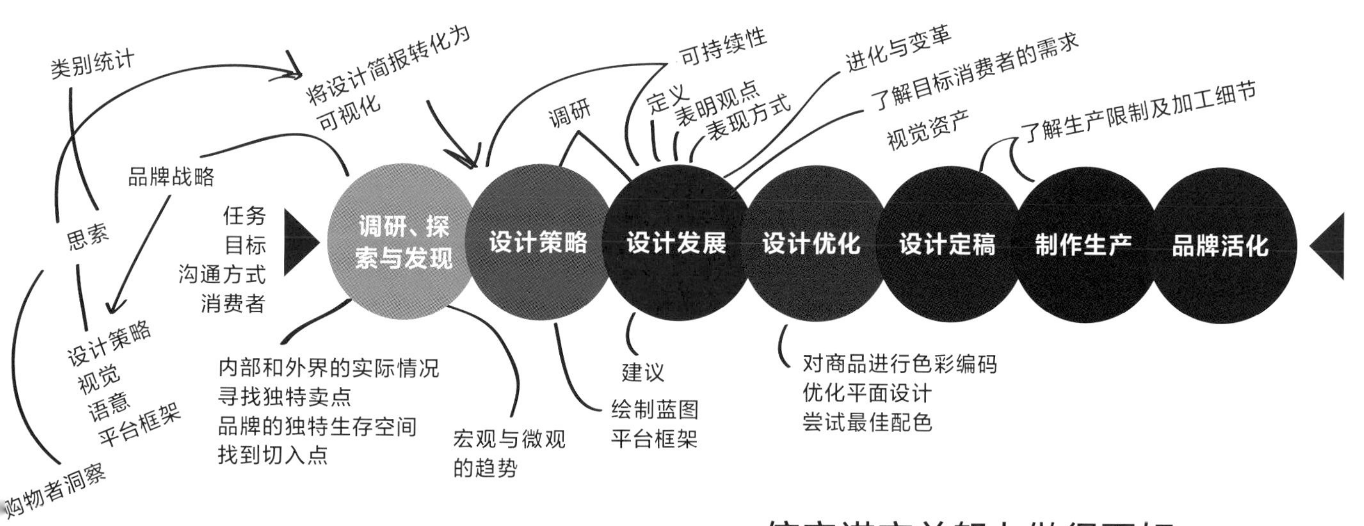

图4.1
设计流程。

第5阶段：设计完稿与印前准备
第6阶段：制作生产
第7阶段：品牌活化

项目条款包括：

- 会议日程
- 可交付的内容
- 设计版权所有权
- 项目进度安排
- 费用及开销
- 分包服务（插画、摄影、生产、印刷等）
- 生产进度安排
- 项目终止条款

收费模式及收费条款

包装设计的项目收费因具体设计公司而异，并且常常取决于客户的项目规模和预算，以及可参照的其他类似设计项目的收费标准。具体收费可针对设计的每一阶段确定费用，或者以工作的小时或天数为单位进行计费；也可以就整个设计项目确定一笔数目固定的费用，为整个项目预算成本，包括管理费、人工费和固定收益率。每种收费模式都有其优缺点，例如，如果项目费用是按小时收费，那么对设计师或设计公司来说可能更有利，而固定费用则可能对客户更有利，因为它对费用设置了上限。无论选择哪种方式，它都必须是透明和合理的，这样客户才会觉得收费是合情合理的。

影响项目收费模式的因素有很多，这并不是做一项精确的科学实验，也没有数学公式来帮助设计师或设计公司做这个决定。其中的一些基本考虑因素包括：该项设计业务的范围、客户公司的规模、设计公司的规模、将要提交的设计方案的数量以及预期的时限。

收费条款应包括付款方式及预估费用支出清单，内容包括：提案材料费、扫描费、实物模型制作费、产品打样费、快递费、差旅费及其他杂费。另外还可在收费条款中单独列出各项开销：如原创艺术画、照片或插画的制作，以及印刷或其他生产成本。此外，收费条款中还应明确账单周期、设计所有权和项目终止的相关条款。创意团队与客户应就所有条款展开讨论，达成一致意见。

制订预算

计算设计项目费用必须兼顾客户的期望值以及设计公司的盈利空间。一般来说，设计公司如果想从设计工作中收益，设计公司的员工就必须已经具备完成项目所需的80%的经验和能力。如果要靠边学习边工作来完成设计项目的话，那么公司的收益将处于高风险之中。

制订预算是一种保持收支平衡的行为。也许省去各种服务和费用可以压低项目的竞标价格，使公司赢得客户的项目。但类似这样的低收费标准，会给双方未来合作项目的预算结构带来不良的结果。甚至，有些客户可能会认为低收费的服务等同于低质量的工作。一个项目定价过低会使设计公司的员工感到沮丧和缺乏工作的动力，这也意味着收益率将会受之影响而降低，最终可能面临项目亏损。设定较高的预算，可以带来更大的盈利空间，同时也会增加客户的期望值。但是这也意味着项目在报价阶段有可能会输给竞争对手。

按设计阶段划分的详细预算和预估费用支出清单（例如：摄影、插图、图库、文案、打样和实物模型制作）为客户提供了所有项目费用的明确理由。设计服务通常比调研和生产服务收费更高。在确定预算时，公司必须将业务成本（所有开销支出，包括人工）、完成项目所需的时间、复杂性以及当前的市场条件全部考虑在内。公司的开销支出包括租金、公用设施、设备、办公用品、商业保险、会计和法律服务、营销、促销和管理费用等。劳务成本包括工资、自由职业设计师和分包商的费用、税金和福利。年度开支除以年度小时总数，是按小时计费的一种核算方式。典型的加价范围是项目总预算的20%。

协议条款

客户会对设计项目议案进行审阅，并评估该提案对项目工作的涵盖范围、双方互惠合作关系，以及收费模式和预算。条款内容包括客户和设计公司这一合作关系所涉及的所有法律协议、客户的付款到期日及付款周期协议，还包括客户的审批流程、因项目范围变更或额外工作请求所产生的成本协议、设计版权所有权和电子文件发布权协议、项目终止协议、保密协议，以及其他双方接受的各项协议。设计项目议案一旦被客户通过，并得到合作双方签署，该提案就正式成为对双方具有保护作用和责任约束作用的一项具有法律效力的文件。

时间表

设计项目的交付时间表，并没有一个可参考的固定模板。项目的规模和范围、参与项目的人员数量、客户的内部计划和需求，产品的出品数量（SKU）和上市时间安排等都是制订项目时间表要考虑在内的因素。

设计项目必须明确以下所有工作内容及时间节点：

- 项目启动会议（讨论项目目标和最终交付内容）
- 交付设计简报
- 确定最终的预算及项目进度安排
- 设计阶段
- 调研
- 讨论设计方案更改与优化的会议
- 法律团队和其他利益相关者的评价
- 文案与包装设计审阅

设计任务的开始

包装设计是一种表达品牌个性的创造性手段。在设计项目中，设计人员（或营销人员）对颜色、形状、材质、排版风格的选择和应用不能过于主观。

设计理念必须满足多种层次的审美和功能需求。品牌形象的传达也是吸引市场目标消费者的设计表达，这是通过战略性的创意过程产生的。这一过程的最终结果是，创造出能够传递必要信息以及有效情感、文化、社会和心理暗示的品牌物理特征及其视觉要素。

通常由客户将市场调研报告交付给设计师或设计公司，在设计公司交付的设计项目议案的相关条款协议获得客户认可并签署后，负责该项目的双方相关人员会召开一次团队工作导向会议。在此会议中，设计项目的总负责人应发挥其创造性的领导工作，保证设计过程中始终将各项战略目标和目标市场作为包装设计工作的重点。参与项目的其他利益相关者及其在项目中所发挥的具体作用如下。

设计简报

品牌名称：______

品牌定位：______

______

______

品牌核心价值：______

______

______

品牌个性/情感特征：______

______

关于产品的描述：______

______

关于产品线的描述：______

______

市场目标：______

包装设计传达的目标：______

______

传达内容的层级序列：______

#1 ______

#2 ______

#3 ______

目标消费者：______

图4.2
设计简报。

营销人员：提供市场目标。

研发团队：提供产品性质方面的正确信息。

结构工程师：提供加工方面的指导原则和包装实物的工程图纸终稿。

生产人员：对单个商品（SKU）进行延伸设计、创建包装设计实物模型及生产稿件，并且这些稿件可以用于最终印刷和生产。

采购人员：负责各类包装、印刷所需材料的购买。

运营人员：协调该产品的加工、填充、包装和配送。

广告代理人员：提供广告和促销的洞察力。

设计简报

设计简报或称创意简报是基于设计项目议案生成的内部文档。这份创意宣言概述了项目开发流程中所采用的设计策略。其目的是建立起参与创意工作的每个人对项目的共识（见图4.2）。

设计简报可包括以下内容：

- 项目概述
- 营销策略
- 包装设计目标
- 品牌历史（依具体情况而定）和品牌的核心价值
- 品牌定位
- 产品的特色和局限性
- 有关目标受众的信息
- 竞品的分类及市场数据
- 零售信息
- 传达内容的层级序列
- 基于品牌个性和情感特征以及期望的市场认知，所制订的具体设计传达策略
- 必须强制性出现的信息、图标及文字描述
- 印刷选项，包括使用颜色数量的最大限度
- 材料、结构和生产要求
- 时间安排和交付成品的时间节点

第 1 阶段：调研、探索与发现

在评估过所有的早期营销目标后，接下来就进入了包装设计的调研、分析、观察和思考阶段。探索和发现指的是理解品牌的内部和外部重要信息和消费者认知。

挖掘真实的品牌内部和外部价值信息

包装设计调研阶段始于对我们常说的品牌真实的内部价值信息的调查和发现。要了解一个品牌真实的内部价值，需要去了解这个品牌的价值观和信仰，以及品牌经销商是如何看待这个品牌背后的意义、任务和个性的。品牌的外部价值信息是指品牌的行为。一个品牌真实的外部价值包含它建立在消费者心理的形象、它的代表意义、它是如何反映受众的期望的、如何与消费者建立联系以及消费者对它的可信度由何而来。

举例来说，品牌的真实内部价值信息包括企业的信念，如企业相信自身所拥有的品牌是集刺激性、娱乐性和体验性为一体的。而该品牌的真实外部价值信息则可能是在消费者心中，这个品牌的用户体验不够让人满意，或者让人觉得并不合算，较低的品牌价值反映出市场营销人员对其也了解不多。探索发现这些品牌价值的方式有多种多样，比如，可以对利益相关人员、公司员工和目标消费人群进行访谈，也可以通过竞争力审核、市场调研、结合市场洞察力对品牌深度分析的方式，从中挖掘出品牌价值的真相。

产品将以何种形式融入整体品牌构架中？其在品牌旗下的众多产品中占据什么位置？它是品牌中的单一产品吗？在家族品牌的策略影响下，该产品在全球营销的目标是什么？产品的长期目标是什么？要想有效地做好包装设计阶段的计划，首先必须要了解产品的长期战略目标。同时品牌会经常扩张整个产品线，甚至是开发不同类别的产品线，要想帮助品牌成功进行产品线扩张，理解产品与产品线之间的关联性至关重要。

了解设计项目的业务范畴

设计项目的业务范畴有许多：有的项目需要一个全新的品牌设计，有的是针对既有品牌的新设计，有的是对现有品牌的再设计，还有单个产品的产品线扩展设计，或是品牌延伸至一个全新品类的设计项目。

一个新的包装设计项目的研究范畴可能包括：

- 品牌形象
- 视觉传达
- 信息层级
- 品牌构架
- 可持续性
- 品牌延伸的机会
- 这些机会对包装设计的影响

包装再设计与产品线扩张设计项目的研究范畴包括：

- 产品传达内容的修改
- 改变包装材料或结构
- 为全球范围销售创建多语种版本的包装
- 修正文案或法律要求
- 加强品牌核心资产的传达
- 支持现有品牌的资产要素
- 重新定位品牌以保持竞争优势或增加市场份额
- 打造多款单品（SKU）来扩展品牌

• 为品牌扩展新的品类

消费者洞察力分析

确定品牌用户画像或找到吸引消费者的因素，这两点对设计师理解设计的可能性至关重要。有不少方法可以将消费者洞察力融入设计过程中。设计师可以用归纳参考资料建立起的视觉拼贴（呈现消费者对品牌的现有体验或见解）、建立焦点小组、探究消费者的购物习惯和购买方式、对忠于品牌的消费者进行访谈等方法来加深自身对品牌的理解。

品类分析

要了解一个产品的优势、劣势以及其在竞争中的总体实力，就必须对该产品品类展开广泛调研。这些信息可以为设计师的创作提供一些线索，帮助他们了解什么能吸引目标消费者，从而发掘出优秀的设计方案，建立产品的竞争优势。

大多数产品品类都会有一套独特的外观。颜色、版式特征、平面元素的使用方法、包装结构和包装材料都有助于对该产品类别进行视觉定义。分析货架上最成功的范例有助于包装设计的开发。相反，有时如果在设计中故意设计一个与产品门类普遍式样背道而驰的包装，同样也可以创造出独特的设计从而获得更强烈的效果。了解产品品类中的潮流趋势，并始终关注目标消费者、产品可被消费者认同的价值以及其实际成本，这些都是本阶段所应考虑的重要方面。在研究和信息收集的过程中，总会出现许多有创意的点子（见图4.3）。

图4.3
零售产品的品类分析。

包装结构分析

包装的结构是品牌传达营销目标的一个重要组成部分。因此，包装设计师往往会与工业设计师合作，以达到品牌的战略目标。包装结构的设计研究可能会涉及：创新性结构、使包装符合人体工程学、体现产品的可靠性、各类材料的最佳使用方法、用户使用的便捷性（如何开启，如何装配）、包装在货架空间中的呈现方式、包装使用后的处理方式以及如何应对可能对环境所造成的影响（见图4.4、图4.5）。

品牌名称分析

在大多数情况下，品牌名称是包装设计中最为重要的因素。品牌借助名称开始与目标受众之间建立关系。品牌名称对品牌和产品进行了定义，对品牌的各项承诺提供了有力支持，并在理想条件下为消费者创造一种

图4.4
Soft Scrub塑料容器的结构设计过程。
工业设计师：提尔索·奥利弗拉斯（j.Tirso Olivares）
设计公司：Tirso Olivares Design
客户：德国汉高（Henkel）/Dial

图4.5
Soft Scrub塑料容器的最终结构设计。

图4.4

图4.5

独特而难忘的印象。这些都为建立品牌资产以及品牌在消费者心目中的价值奠定基础。因此品牌应当花费大量的时间来认真考虑如何通过视觉手段直观诠释品牌名称，并由此开发出一系列设计方案初稿。

品牌名称被赋予了强大的内涵，比如耐克、喜力、可口可乐、汰渍、高露洁，等等。品牌名称一旦与消费者产生共鸣，就会对促进产品销售发挥巨大影响。品牌名称不一定能跨语言或跨文化直接传译。若产品要在其他国家展开销售，这时品牌名称不能仅仅从字面或发音上直译，必须彻底重新考量一下品牌名称，以达到准确传达品牌本质的目的。

命名原则

命名是塑造新品牌或新产品的第一步。因此它也是包装设计任务中的关键组成部分。命名是一个复杂的过程，它要平衡好品牌的客观性策略与主观性情感。设计师也许会受邀请前往客户或品牌咨询公司，共同参与命名的开发与选择，或者在某些情况下，设计师会全权负责命名的确定工作。

在命名过程中，设计师首先要理解品牌任务与定位，然后创建一份与产品特性相关的词汇表。接下来可以利用字典、百科全书、杂志和报纸等资源寻找一些独特的词语。之后将各种单词和字母进行组合搭配，这样就会有新词产生。举例来说，各种汽车品牌的名称就常常是一些新造词语，比如伊兰特（Elantra）、捷达（Jetta）和轩逸（Sentra），这些名称可以诱使人们联想起一些视觉景象，但实际上它们又无真实含义。通过消费者调查、产品的分类审计、商标搜索等方式，可以筛选出一份用于品牌命名的单词列表。

产品命名的关键点在于是否能够引起消费者积极正面的反馈，即便这个名称没有实际意义。根据宾夕法尼亚大学沃顿商学院和波士顿学院的市场营销学教授们开展的一项研究显示，新奇古怪的名称最适用于依赖人们感官的产品，比如食品或时装，但在其他一些产品门类中却效果不佳，如医疗保健类产品。[1]但是，命名始终是一项非常复杂的技术工作，有时候随着人们的习惯变化，稀奇古怪的名称的吸引力也会逐渐消退。命名时需综合各种市场调查和创意思考，时刻谨记在选择名称时必须使其能够清晰地反映出该品牌或产品的定位，并且令人难忘又兼具美感，读起来要朗朗上口，便于让消费者们记忆和回想。

借鉴资料

借鉴资料就是为某项特定设计任务而收集的视觉参考资料。它是一项非常宝贵的资源，不仅可以激发设计灵感，还可以打造该产品或该品牌视觉形象。借鉴资料可以是从各种标签、挂牌、广告、明信片、邀请函、杂志剪报或壁纸图案中得来的平面设计作品、字体风格、照片、插画，等等。

借鉴资料可以让你的创意源源不断。这些资料可以作为对布局、风格和版式进行设计的出发点，而且这些资料也有助于促进产品特性的可视化和创意点子的开发，使得设计过程的开始阶段更易上手。这些视觉参考

1 伊丽莎白·G.米勒（Elizabeth G. Miller）、芭芭拉·E.坎（Barbara E. Kahn），“隐藏的深意：色彩与独具风味的名称对消费者选择的影响”（*Shades of Meaning: The Effect of Color and Flavor Names on Consumer Choice*），《消费者研究》杂志（*Journal of Consumer Research*），2005年第32卷第1期，第86~92页。

资料还会为各种平面元素、字体和图像的开发过程增添一些新鲜手法，或者将一套完全不同的创意背景引入设计思路。

在翻看字体参考资料的时候，要认真观察每种不同风格字体的字形、每个字符轮廓的细微差别、连字符号、字体排版风格、不同粗细笔画的对比、字体大小写之间的对比，以及颜色的选择。在翻看插图参考资料时，要考虑到各种风格因素，如写实性、抽象性和装饰性等，并研究其绘制工具，如铅笔、彩色蜡笔、水彩、油画颜料、丙烯颜料、记号笔和数码绘图软件等。借鉴这些参考插图的独特视觉表现方法，并仔细观察画面的质地、背景、图案、色彩、尺寸比例、剪裁方法、位置、明暗关系和视角的选择。这些参考插图中的任何细节：从建筑物上的石雕装饰到街道路面上的下水道井盖的烙印，都可能是设计灵感的来源。

视觉设计简报

"视觉设计简报""图像展示板""灵感展示板""情绪收集板"和"概念展示板"都是指取自于借鉴资料或视觉参考资料，有助于体现设计方向特征，且条理清晰的拼贴

图4.6
概念展示板。
设计师：Kitman Leung
客户：Pitaya Plus

PITAYA PLUS
FRUIT AND FLORAL SENSATION. THE INFUSION OF TASTE AND HEALTH BENEFITS

图。视觉设计简报有助于塑造品牌或产品的定位和个性，它还有助于客户理解视觉设计策略（见图4.6）。

概念展示板由创意团队制作，具备多种功能：

- 为设计提供视觉出发点，以此作为起点开展创作
- 传达独特的视觉设计策略方向
- 传达目标消费者的个性和生活方式
- 以可视化的方式诠释书面设计简报，直观地呈现品牌的感观
- 建立色彩调性、材质结构和版式风格来传达产品个性

时间管理

项目中，用于理解目标消费者所需的调查和研究的时间往往很短。在第一阶段的研究中，创意团队应该充分融入目标消费者的世界中。为了深刻体会该产品（以及消费者）的个性特征、同类产品的竞争情况以及包装设计将要发挥作用的零售环境，设计者可以尝试查阅各类书籍杂志，去商店进行实地考察，观看最受消费者喜欢的电视节目和电影，听一听目标消费者会听的音乐，研究一下各种潮流趋势等方式。这些准备工作也许会花费一些时间，却非常值得，因为这将有助于设计师更全面地理解项目，设想各种契机和解决方案。另一方面，如果花费大量时间在无助于包装设计的研究上，则会偏离目标，造成时间上的浪费。

建立一份工作时间表或工作日志是一种很重要的时间管理手段。很多设计公司都要求员工必须填写工作时间表，这也有助于安排预算开支。有效管理创意过程也就意味着设计公司能得到更高的收益率，使设计项目的如期完成能得到保障，并及时向客户交付成果。

第1阶段的工作清单：

☐ 挖掘真实的品牌内部和外部价值信息
☐ 制定品牌目标
☐ 确立现有的品牌资产
☐ 建立品牌/产品定位
☐ 分析产品品类的发展趋势
☐ 分析产品的竞争力
☐ 分析消费者的意见和看法
☐ 核算产品成本
☐ 查询环境注意事项
☐ 分析包装的材料和结构
☐ 查询政府和监管的要求
☐ 分析零售渠道
☐ 分析自身和竞品在货架摆放的位置
☐ 分析技术因素

第 2 阶段：设计策略

设计策略阶段即为实现包装设计的视觉目标而制订策略的阶段。在包装设计中，总体的市场战略是由客户设定的营销目标决定的，设计师在此阶段可以根据客户的情况制订多种设计策略。

建立一个目标清晰的设计策略平台是包装设计成功的基础。设计策略平台是通过调研获得的信息所构建起来的，是设计项

目的出发点或战略方向，设计概念也建立在这个平台上。对各项设计策略的探索工作进行得越彻底，那么开发出符合客户期望值的设计概念的几率也就越高。

在第1阶段的探索与调查研究之后，创意构思已逐步形成。第2阶段的主要目标就是挖掘创造力。处于设计过程的早期阶段时，设计者应该对每个创意点子进行认真思考。定义明确的策略对创建成功的包装设计是必不可少的，但设计是一个流动的过程，并不是一成不变的。设计师应该缜密思考、详细询问，甚至提出一些会引发争议的问题。一些最佳设计概念往往是从当初被认为“普通平庸”的创意点子中演化而来，所以此阶段应该把所有提出来的创意点子都作为可实施的设计方案加以考量。

头脑风暴

概念构思、头脑风暴和试验研究是设计师用于可行性开发的工具之一。头脑风暴可以由个人或小组形式开展，目的在于激发新的概念和思维方式。在一次次的头脑风暴会议中，任何与设计任务有关的想法都可以被记录下来，其可以是与产品、名称、结构、品类和目标市场等有关的直接联想，也可以是与该产品或该门类相联系的各种潜意识或随机的想法。列出一份由形容词构成的清单，也许会对此阶段的工作有所帮助。不要对清单进行编辑或删除，一个人认为不恰当的设计思想也许在另外一个人看来就是出色的设计概念。集思广益的过程不应仓促进行、草草了事。一些伟大的创想就是在看似再也考虑不出任何新点子的时候才出现的。

记录笔记和日志这一方法将有助于进一步探索这些新想法。谈论这些想法将有助于促成设计想法的视觉成型。可以让同事和朋友给予反馈信息，并认真考虑他们的想法和评价。设计师们应该完全投入到他们身边的世界中去，通过自己对世界的感知对每个画面进行过滤筛选以后，就会在心中创建起一个丰富的可视化词库，然后运用设计能力将画面从视觉记忆中转化出来，在概念开发过程中发挥作用。

感到思维停滞、无法继续进行创想的情况是常有的事。为了走出设计工作的这种僵局，可以去散散步、听听音乐、锻炼一会儿、看看视觉信息丰富的杂志或书籍、逛逛商场，去发掘新鲜事物，换换脑子，过滤吸收各种点子，以便迎接下个灵感的到来。

头脑风暴的过程也许会产生切实可行的设计概念，各种初步的随想会演化成一些概念方向。随着各种设计概念逐步演化成形，设计者就要从战略角度进行考量，思考以下问题：同类竞争产品是如何向其目标受众进行营销推广的？设计可以体现出产品的哪些独特之处？如何将创意想法与市场目标联系到一起？

概念与策略

概念与策略是相辅相成的。设计作品通过视觉手段体现设计策略，而设计概念就是这一特定设计作品的主旨，它传达了一种设计策略。许多设计方案通常在头脑风暴过程中发展形成。从概念转向策略是实施创意的途径。

策略化思维的使用将形成清晰明确的设计理念。由于一种设计策略可以通过多种方式解释，也许这些设计策略中的一个就能轻易衍生出数个包装设计概念来。具有全新视角或激进方式的设计概念，也许会令该产品在同类竞争中脱颖而出。每个包装设计概念都应该体现富有创造力的独特设计，并最终能够吸引消费者的注意力。一方面，为了实现符合产品类别的总体特征和吸引消费者的注意，设计的适合度是决定产品包装效果的关键因素；另一方面，探索设计概念的过程又不能完全被各种实际考虑束缚手脚。

使用词汇可以帮助定义策略方向。在特定任务环境中，考虑到词语的定义或解释，以及其在设计中的可视化传达形式，是开发制订多个概念和策略的一种方式。

客户: Kashi TLC Crackers饼干/设计公司: Addis Creson

Kashi TLC饼干的概念开发着重强调了该产品的趣味性、给健康带来的益处和美味的诱惑。初步的设计草图体现了想要以一种古灵精怪的风格特色吸引消费者的想法。这几张图片展示的风格虽然代表着不同的设计策略，但所有的设计都会博得观看者的会心一笑。最终确定的设计方案采用了赋予产品星光闪闪感觉的风格，并使用体现轻松趣味的产品照片与插画结合的做法。这款包装设计以其独特的逗趣方式体现了健康零食的理念，从而在同类产品中脱颖而出（见图4.7至图4.10）。

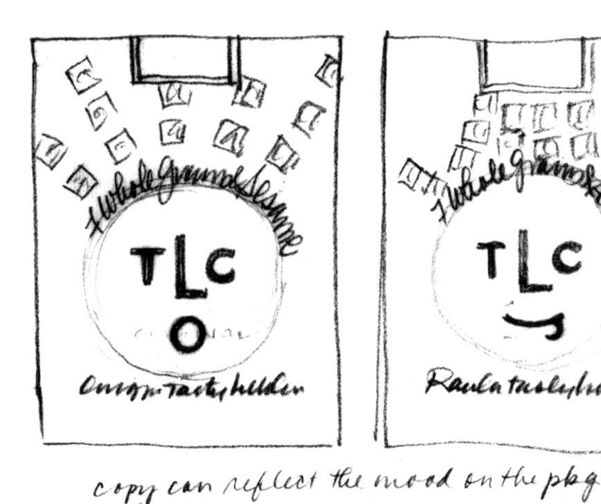

图4.7

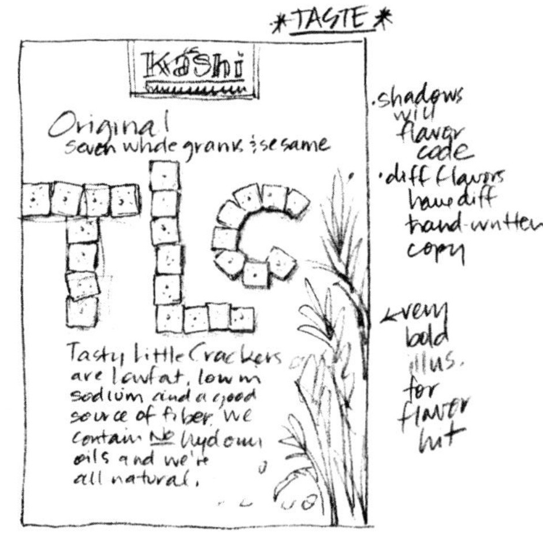

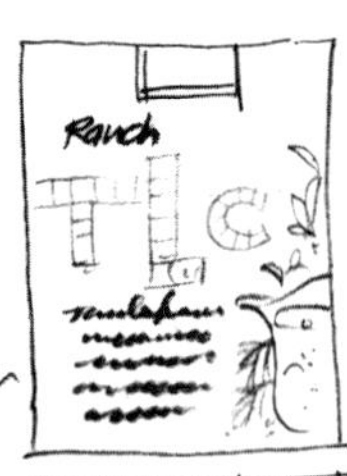

图4.8

图4.7
Kashi设计草图1。
设计公司: Addis Creson
客户: Kashi

图4.8
Kashi设计草图2。

图4.9
Kashi设计草图3。

图4.10
Kashi包装设计（终稿）。

snacking
with a different
perspective

overlapping
transparent colors.

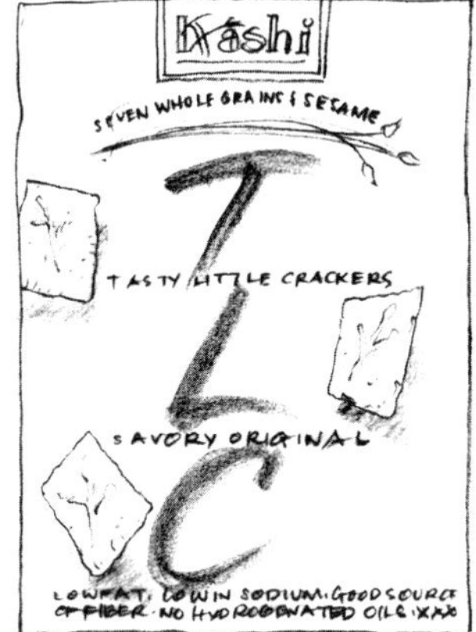

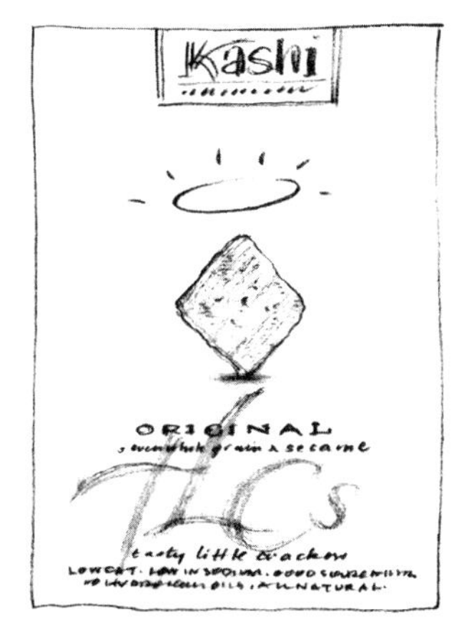

图4.9

图4.10

案例研究

客户：Znaps伏特加/设计公司：Amore

简报：本项任务目标十分明确，即创造一个令人兴奋的、有趣的、独特的包装设计，在吸引新用户的同时让现有的Znaps用户感到自豪。

挑战和目标：每周，在世界上的某个地方，就会有四种新的伏特加品牌投放到市场中。因此，本次设计面临的挑战和主要目标是营造一种能让消费者感兴趣、产生好奇心和遐想空间的品牌形象。

最终的设计方案：走进酒吧就像进入了一种超现实的幻境，在那里有着无限的可能。那么会有什么样的人物潜伏在影子里？他们有着什么样的故事？为了捕捉以上这种感觉，我们拍摄了这些照片，创造了一个逼真的超现实世界。为了以愉悦的方式区隔三个不同个性的灵魂，设计中的图像用历史潮流和性别差异来划分。这个设计方案进一步改变了人们对品牌固有的看法，同时为产品线计划之外的解决方案预留了空间，让消费者感到好奇。

Znaps创造了一幅现代生活奇迹的画面。[2]

成果：在德国杜塞尔多夫举办的国际葡萄酒和烈酒贸易博览会上，Znaps被授予“年度最具创新精神品牌”奖（见图4.11至图4.23）。

图4.12

图4.11

图4.13

2 案例分析文字由Amore设计公司提供。

图4.11
Znaps伏特加项目信息。
设计公司: Amore
客户: Znaps

图4.12
Znaps的野猪图像。

图4.13
Znaps的摄影过程。

图4.14
Znaps的动物模特造型。

图4.14

客户: Znaps伏特加/设计公司: Amore

图4.15

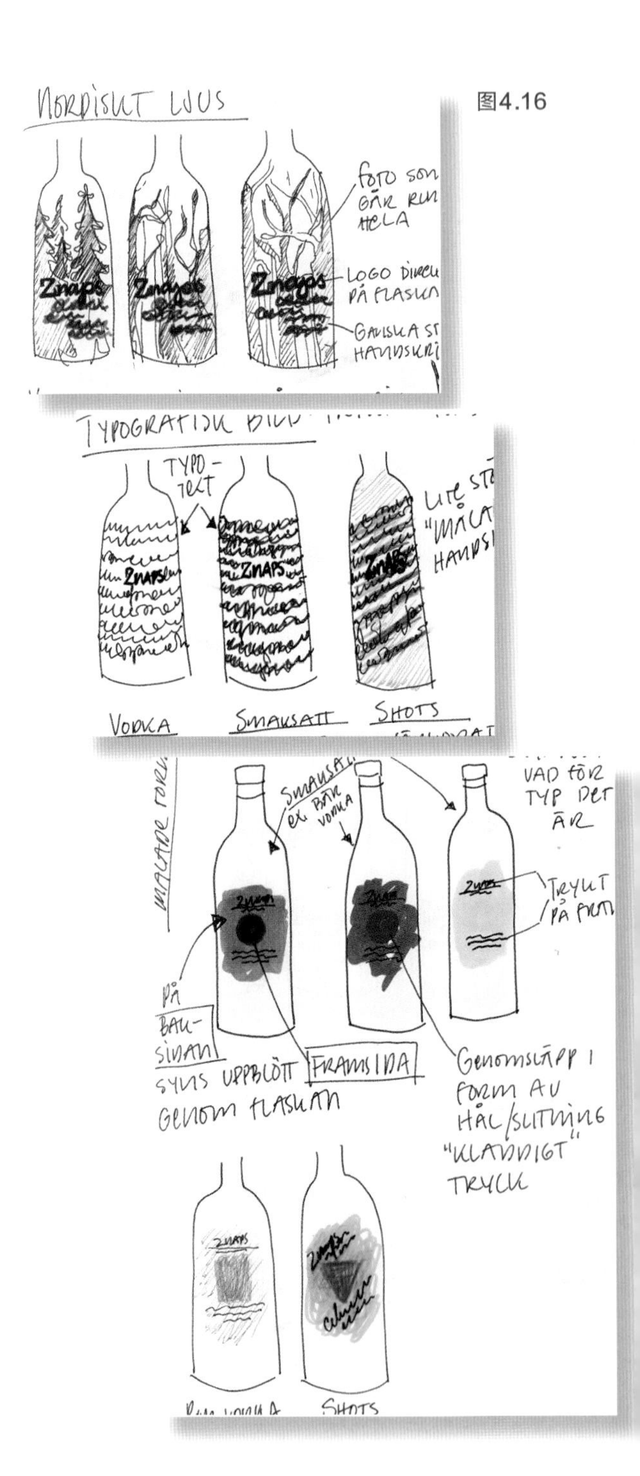

图4.16

图4.15
Znaps标志草图。

图4.16
Znaps设计草图1。

图4.17
Znaps设计草图2。

图4.18
Znaps拼贴画。

图4.17

图4.18

客户: Znaps伏特加/设计公司: Amore

图4.19

图4.20

图4.21

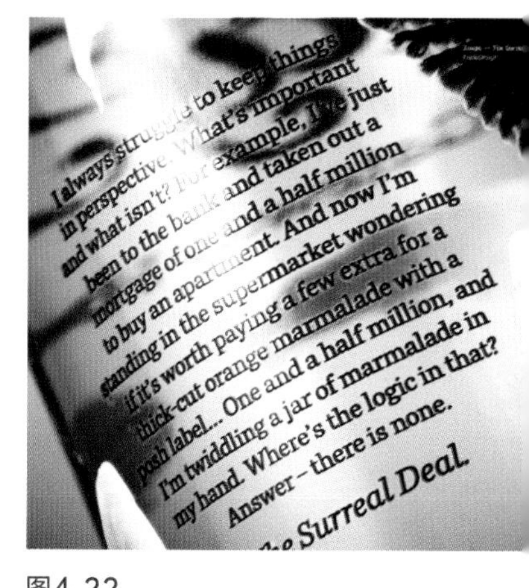

图4.22

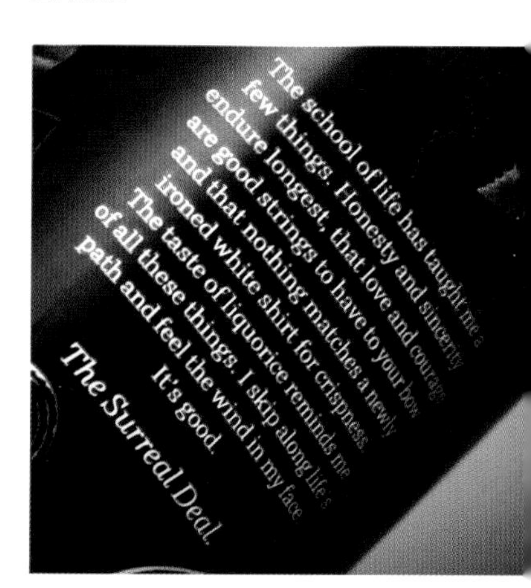

图4.23

图4.19
Znaps酒瓶正面设计稿1。

图4.20
Znaps酒瓶正面设计稿2。

图4.21
Znaps酒瓶正面设计稿3。

图4.22
Znaps酒瓶背面设计稿1。

图4.23
Znaps酒瓶背面设计稿2。

以下是可以帮助启发设计策略主题的词汇示例：

- 真实可信的
- 有名望的
- 经典的
- 保守的
- 当代的
- 便捷的
- 可持续的
- 富有教育意义的
- 体验式的
- 家庭的/朋友的
- 梦幻般的
- 未来主义的
- 手工制作的
- 有益健康的
- 高科技的
- 针对不同性别的
- 直观的
- 奢侈的
- 限定的
- 古色古香的
- 照片式的
- 复古的
- 传统的
- 具有旅行意义的
- 潮流时尚的
- 版式特别的
- 出乎意料的/令人惊奇的
- 富有都市气息的

> **55%的消费者将包装设计视为区分品牌的主要因素。但他们仅仅能记住包装设计中的四到五个要素，其余的都忘记了。**
>
> **——斯科特·杨**
> **来自锐敏市场营销策划公司**

以下是一些行之有效的包装设计策略：

- 利用品牌的个性（考虑品牌的观点、定位和信仰）
- 建立与消费者的个性化连接（例如亨氏番茄酱包装设计的个性化声明，见图1.57）
- 建立与众不同的风格（箭牌5系列口香糖包装设计打破了普遍设计风格，见图1.56所示）
- 打造品牌的个性角色（以Newman's Own为例，见图2.3）
- 评估品牌（或产品）要传达（或表现）什么样的主张（或观点）
- 展示创新结构
- 建立与竞争对手的差异性（记住消费者会货比三家）
- 展示品牌、包装或产品价值（新的利益或特征，如健康声明、可再密封性）
- 将品牌与货架上的其他品牌区隔，避免不确定的情况发生（如消费者站在货架前，犹豫不决哪个才是自己需要的产品）
- 建立品牌意义、视觉资产和情感连接

黑白设计草图

第2阶段的设计概念稿应采用黑白形式表现。这样做的原因在于，以黑白形式呈现时就具有强烈吸引力的设计概念草图，极有可能在转换为彩色版本时仍然具有卓越表现。但是反过来的情况就未必如此了。设计中色彩运用的成败会对设计审阅工作产生抑制作用。即使整体设计效果不错，但颜色的不当使用或者无效使用会对设计概念传达造成不利的影响，甚至会导致这个设计概念被否决。当我们的阶段目标是尽可能快地产生更多的想法时，采用色彩稿进行设计就会非常耗时。在概念开发阶段，想出的创意点子越多，也就越有可能产生一个或一组符合设计策略的概念。

品牌识别开发

为品牌识别开发字体标志，首先要进行广泛的探索，以便能找到体现品牌独特风格的个性字体以及各种视觉要素。字体可以用来传递出不同的特质，因此字体风格的选择应考虑到能展现品牌特征、容易辨识且造型独特。由于消费型产品的字体标志常常用于一系列包装结构和印刷材料，所以品牌字体标志的设计应该非常易于调整和修改，并且在不同的尺寸、格式、颜色和印刷条件下都容易清晰辨识。

字体排版和各种平面元素的选择与应用（符号、图标、字符在图形中的运用、插画以及照片风格）是设计工作中的一项重大挑战。其目标就是创造出一种恰当、易于辨认且能塑造出品牌独特性的设计。与往常一样，在对字体做出选择和对设计方案进行调整前，需明确其传达的目标（见图4.24至图4.33）。

图4.24
Sea Pak速冻生制品原包装设计。
设计公司: Smith Design
客户: Sea Pak

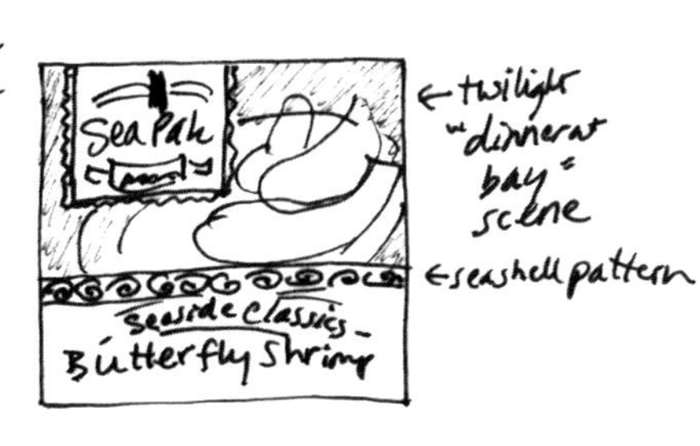

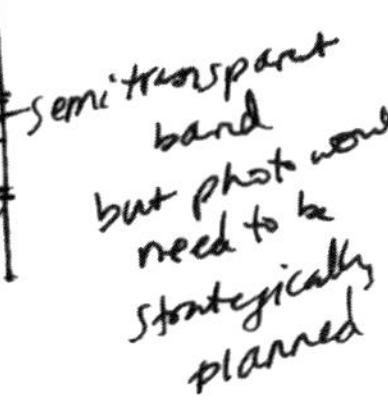

图4.25
Sea Pak设计缩略草图。

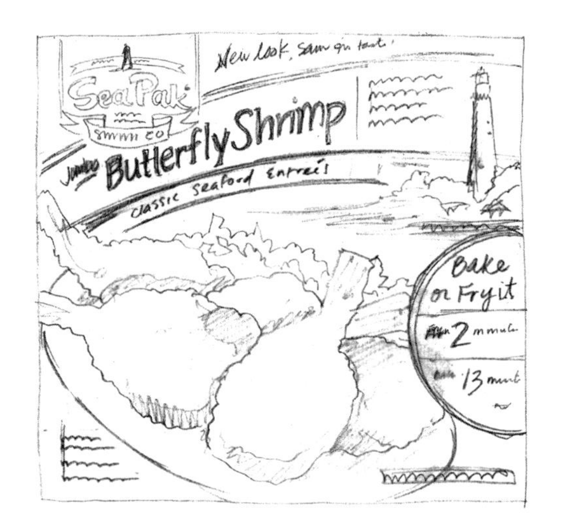

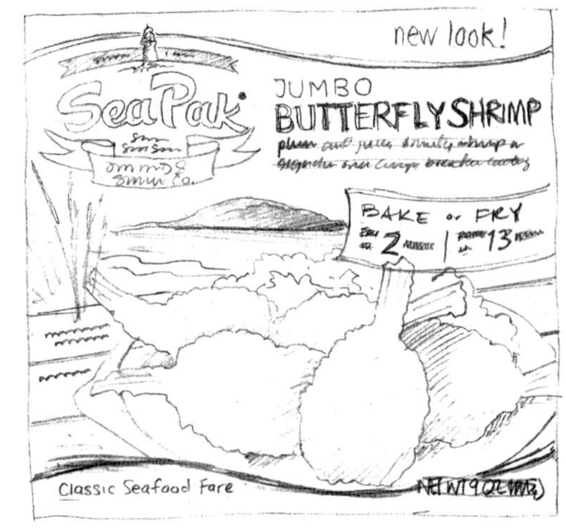

图4.26
Sea Pak设计草图。

旧标志

图4.27
Sea Pak品牌标志设计。

图4.28
Sea Pak设计探索方向1。

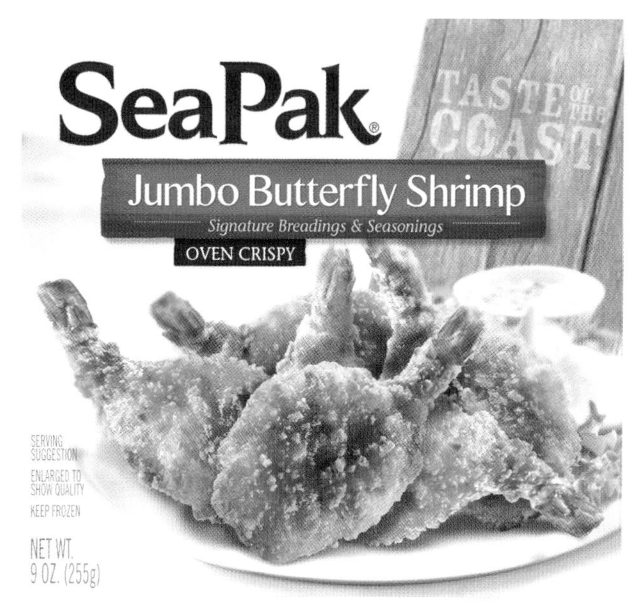

图4.29
Sea Pak设计探索方向2。

图4.30
Sea Pak设计探索方向3。

图4.31
Sea Pak设计探索方向4。

图4.32
Sea Pak最终包装设计稿。

Nutrition Facts
Serving Size 2 pieces (113g/4 oz)
Servings Per Container about 3

Amount per Serving	
Calories 270	Calories from Fat 110
	% Daily Value*
Total Fat 13g	**20%**
Saturated Fat 2g	**11%**
Trans Fat 0g	
Cholesterol 30mg	**9%**
Sodium 460mg	**19%**
Total Carbohydrate 24g	**8%**
Dietary Fiber 1g	**3%**
Sugars 2g	
Protein 14g	
Vitamin A 0% •	Vitamin C 0%
Calcium 0% •	Iron 6%

*Percent Daily Values are based on a 2,000 calorie diet. Your daily values may be higher or lower depending on your calorie needs:

	Calories:	2,000	2,500
Total Fat	Less than	65g	80g
Sat Fat	Less than	20g	25g
Cholesterol	Less than	300mg	300mg
Sodium	Less than	2,400mg	2,400mg
Total Carbohydrate		300g	375g
Dietary Fiber		25g	30g

Calories per gram:
Fat 9 • Carbohydrate 4 • Protein 4

INGREDIENTS: TILAPIA, BLEACHED WHEAT FLOUR, WATER, SOYBEAN OIL, ENRICHED BLEACHED WHEAT FLOUR (WHEAT FLOUR, NIACIN, REDUCED IRON, THIAMINE MONONITRATE, RIBOFLAVIN, FOLIC ACID), CONTAINS 2% OR LESS OF EACH OF THE FOLLOWING: CITRIC ACID, DEHYDRATED GARLIC, DEHYDRATED ONIONS, DEXTROSE,DISODIUM INOSINATE AND DISODIUM GUANYLATE, ENRICHED WHEAT FLOUR (WHEAT FLOUR, NIACIN, REDUCED IRON, THIAMINE MONONITRATE, RIBOFLAVIN, FOLIC ACID), GARLIC POWDER, LEAVENING (SODIUM ACID PYROPHOSPHATE, BAKING SODA), METHYLCELLULOSE, MODIFIED CORN STARCH, NATURAL FLAVOR, PAPRIKA OLEORESIN. SALT, SODIUM ALGINATE, SOY FLOUR, SUGAR, WHEY POWDER, YEAST, YELLOW CORN FLOUR.
CONTAINS: TILAPIA, WHEAT, SOY, MILK.

The TASTE of the COAST

Great Seafood is... closer than you think!

Great tasting seafood for every occasion

Bring back those unforgettable memories from the coast with SeaPak's authentic, great tasting shrimp and seafood recipes. Whether it be a simple family dinner, an evening with friends or just a quiet night at home, SeaPak brings you a taste of the coast for any occasion.

Enjoy!

Create your own great meal memories!

Looking for a fresh idea?

SUNSHINE TILAPIA SALAD

TILAPIA SLIDERS

visit us @ **www.seapak.com**
for delicious seafood recipes, information on our wide variety of seafood products, and the health benefits of adding more seafood to your family's diet.

FISH IS GOOD FOOD
The USDA recommends eating at least **8 oz of seafood** a week for a healthier diet.

SEAPAK SHRIMP & SEAFOOD COMPANY
RICH PRODUCTS CORPORATION, P.O. BOX 20670
ST. SIMONS ISLAND, GA 31522-0270 USA
WWW.SEAPAK.COM
PROCESSED IN THE USA.

This Tilapia is farm-raised.
www.seapak.com/smartsourcing/

0 00000 00000 0

SEAPAK SHRIMP & SEAFOOD CO. AND THE TASTE OF THE COAST ARE TRADEMARKS OF RICH PRODUCTS CORPORATION. ©2011 RICH PRODUCTS CORPORATION. ALL RIGHTS RESERVED.

图4.33
Sea Pak包装的背面设计。

设计缩略草图

在为产品的品牌标志开发出一些扎实的设计概念之后，下一个考虑的要素就是包装的前面板或称主要展示面的布局设计。从勾画粗略的设计草图开始，即在纸上按照包装主要展示面的画面比例关系迅速勾画出一些缩略图，这是帮助开发初步创意想法、标志设计概念和版式设计的一种方法。设计缩略草图通常用单色水笔或铅笔绘制在装订好的带有描图坐标纸的速写本或记事本中。因为设计缩略草图比较粗略，所以具有很大的弹性和再创作空间，设计师通过它们能够扩充出更多的创意想法。

在此阶段，虽然在草图中不必精确地表现出各类字体和平面要素，然而，勾画出衬线和无衬线字体之间的差异效果，以及设计版式中的笼统图像将更清晰地明确接下来的视觉传达设计表现方式。

版式初稿

版式初稿从那些最可行的设计缩略草图的审视过程中被挑选和创造出来。版式初稿在其设计过程中，必须对各种创意和设计概念进行更为详尽的设计探索。这些设计探索也被称为初步设计草图，探索时应该大致描绘出最终的包装设计必备的所有元素，但也不应太过注重细节。在设计过程中，最好的工作方法是保持广阔的创作空间，但又不丧失其设计策略的目标。

在初步设计阶段应尽可能多地准备好字体、图形和色彩在内的设计元素。当设计概念发生改变时，相应的市场营销目标也要更新，用不同的设计表达方式来呈现。任何设计任务都会有多个解决方案，每个方案都会体现一些独特的设计策略。在此阶段，预期产生10~15个设计概念是比较理想的。只酝酿出一种设计想法，便从中演化出各种变体形式，这种做法会很难收获成功的包装设计解决方案。关键在于时刻谨记有关该产品市场营销的各项目标，更应始终考虑到目标消费者，因为这些因素将会直接影响到设计过程中对字体排版、色彩、平面设计的整体个性特征的取舍。

以下是包装设计创意构思的一些方法。

简约整洁：外观简约、直观且布局得当、条理清楚。

重复图像：重复的图像可加强产品的识别度。

营造层次感：各种设计元素能营造出设计画面的纵深感。

图像分割：对包装设计的主要展示版面采用一种独特的分割方法，从而使多个产品并排陈列在货架上时，这些产品的图像会组合成为一个完整的设计图像，或创造出一种连续图案。

互动体验：运用图像传达消费者与产品的交互性。

细腻入微：设计作品通过柔和、低对比度的方式传达出独特的气质。

产生突破：使设计概念完全背离人们对该产品或品类的预期。

使用签章：通过签名式的字体、证明真实度的戳记或日期（如“1905年以来”）传递出设计的独特个性。

视觉层次结构

信息的层次结构，是指包装设计中各类文案及平面元素的阅读顺序。品牌名称与生产商名称的相对位置，口味、品种和产品特点这些信息的位置安排都会对包装设计中的传达要素产生影响。包装主要展示版面的布局确定了信息阅读的顺序。各种设计元素的尺寸大小、颜色、定位和相互关系都会影响消费者的目光的移动方向，进而决定了提供的信息对他们的重要性和对中肯度的理解。包装设计中可以存在多个信息传达层级。例如，包含子品牌的品牌，或联合品牌的产品（两个品牌一起销售产品）。

在系列产品中，设计师必须慎重考虑该系列中的多个产品包装设计间的区别。产品的区分点，无论是口味、品种、香味还是成分，必须便于消费者分辨。通常的做法就是保持各产品包装在信息层次结构上的一致性。同时，可以针对具体产品采取设计独特的图形、色彩、图标和平面图像的方法加以区分。如果消费者无法对系列产品中的各类产品进行有效辨别，这将使品牌的市场价值遭受贬值，进而导致销售损失。

为了确保包装设计的传达效果与预期相符，设计者需要考虑消费者在浏览包装设计的时候，目光是否根据一定的逻辑顺序移动。大多数人会在阅读文字之前先看图片，所以如果包装设计上有一幅大于品牌标志的图像，那么这幅图像就很可能成为人们首先观察的对象了。

主要展示面上的关键信息包括：

- 品牌名称（可包括公司品牌或母品牌、子品牌名称）
- 产品描述（定义产品是什么）
- 风味、品种、香味或产品品类
- 净重或液体容量声明
- 包装尺寸或内含产品数量
- 渲染性文案或有关产品益处的文字说明

这些描述产品特征的文稿通常是由客户提供，但是有时候这项文字工作可能要由设计师或设计公司来负责。这项工作必须要在初稿设计阶段完成，因为一旦初稿完成，主要设计版面上已经规划好，再想要往其中加入遗漏的文稿信息便很难操作了。

图像购买

寻找用于包装设计的各种插画和照片是一项非常重要的工作。我们在进行图像搜索时，尤其要注意考虑版权和知识产权的问题。设计师通常都会负责寻找和购买各种原创或商用图像的工作，并遵守各项使用条款，而在这期间发生的费用都将计入客户总预算中。费用的高低取决于具体图像的质量以及图像的用途。例如针对焦点小组或试销市场而使用的图像价格将低于在地区、全国范围内或国际上普遍发售的产品包装所使用的图像。而委托插画师或摄影师原创品牌专属图像的费用通常更昂贵。

图像购买时可以签订附有使用许可和条款的合同。如果客户希望得到该创意图像或创意资产的全部所有权，就需要在合同中加入买断协议。如果由于预算限制而无法购买现有创意图库，也无法聘请艺术家进行图像创作的话，设计师就可能需要肩负起产品包装中所需使用的所有图像的开发工作。

设计稿的审阅和提案

设计稿的审阅会贯穿于设计工作的第2阶段，设计师们会提交数个基本设计概念和初步创意想法，接受客户的审阅和意见，以期符合市场战略的目标。在审阅过程中，设计师对于布局设计的各种初步构想会被修修改改，相互组合或者彻底删除，最成功的几个设计方案会被保留下来进入下一阶段的设计开发。

在设计过程的每个后续阶段里，设计师们都会采用与上阶段不同的设计表现方法呈现这些创意点子，并由设计师或客户在其有效性方面进行不断的审阅。“墙面评审法”是审阅设计方案的一种方法。按照这种提案方法，各种设计概念、草图、借鉴资料和其他参考资料都被张贴在墙上，以便相关人员对这些设计方案进行整体审视。在墙面评审法中，设计方案布满了整个视觉范围，这样人们就能立即挑拣出吸引眼球的设计作品。此外，人们还可以对各元素在尺寸比例上的相互关系、版式风格、对比效果、色彩、平面元素、符号，以及照片和插画的裁剪方式等进行深入细致的审查。

设计师在所有设计方案的提案过程中都必须就设计概念与客户进行开诚布公的对话。评判工作应着眼于设计概念如何能获得更出色的效果，如何改进或修改其他那些设计方案以及找到那些显得薄弱而应被淘汰的设计概念。评审设计方案的目的就在于优化创意工作，以便创造出符合客户需求并受到市场欢迎的解决方案。

我们必须遵循条理清晰的原则，用专业的方式来呈现创意想法。设计缩略草图和初步的布局设计稿应该清晰、整洁，无裂缝或折痕，工整地贴在纸上。表达创意点子的草图应大小适当，便于人们在几步之外就能看到。从素描本上扯下的创意草图、在纸巾上匆匆绘制的图像或者从一份报纸上剪下的内容虽可供个人使用，但不适合出现在提案过程中。

审阅工作通常是在设计师不在场的情况下进行，因此提案稿中的设计作品必须能够自己说明一切问题。在这种情况下，使用标注或文字描述有助于阐明设计师在各方面设计概念的意图。为了辅助传达设计概念，设计者可将各种纹理的纸样、颜色、图像和字体风格的借鉴资料附加到提案演示稿的布局中。

在每次提案过程中，表达清晰是非常重要的，因为语言信息和画面信息都极易被误解。在提案中提出具体问题，倾听回答，并对各种反馈信息和评论及时做出反应，这些做法都将有助于提案获得成功。为了使听者接受这些创意想法，各种视觉信息必须干净整洁、条理清晰，并将最佳的解决方案以专业的方式阐述出来。

永远不要把那些未通过第一轮评审的设计草图或设计概念丢弃。随着项目方向的发展，这些概念可能会在设计过程中再现。从长远来看，这些设计概念或许对于这项设计任务起不到作用，但有可能会成为另一个设计任务的备选方案。文件的组织和管理能力将有助于设计师保存各项工作成果，以备不时之需。

第 3 阶段：设计发展

经过第2阶段的创意探索，逐步归纳整理直至形成设计策略平台，设计项目继而转入了第3阶段，即设计发展阶段。设计过程中的大部分方案在这个阶段形成。在此期间，最佳的设计概念将在设计策略平台中继续优化并完善。探索的设计策略平台越多，开发出满足客户期望的设计概念的机会就越大。

在此阶段为客户提供多个备选方案至关重要。字体标志、图像和颜色应该多开发出一些选项，传达特定策略的设计概念也要多准备几个，不能仅想着通过改变字体排版和品牌标志来修改设计理念。

品牌标志从一开始时的粗略草图，到一步步的完善，其间发展出许多变化。字体、风格、大写或小写字母的使用、图形处理（轮廓、阴影等）、对齐方式（居中、对齐、左对齐或右对齐）、字间距、连字符号和字偶间距——这些字体选择的方面在此阶段都有待进一步探索，以便最终创造出一个更具鲜明个性的品牌专属标志。

设计中的平面元素，如横幅、彩条、曲线、角色、符号、图标和图案也将根据其与具体包装设计概念的相关程度而被评估和确定下来。这些元素也许会与商标联合使用以便创造出更独特的品牌形象，或作为一种视觉传达工具应用到包装设计上。此外，还要对结构元件，如模切窗口、装配组件，以及可重复关闭标签组件等进行评估。每种结构元件，无论是功能性的，还是仅仅具有装饰性，都应该有效地支持设计策略。

在第3阶段，设计师将更充分地探索图像或插画的可能性。在设计概念阶段，设计师往往会通过借用图库图片、拍摄数码照片或创建图像的手段来呈现设计概念稿中的图像。而在这个阶段，由于设计方案还没有被最终确定下来，所以没有必要花钱去聘请摄影师或插画师来定制图像。但在客户面前展示独特的原创图像总会给设计稿加分。当在设计概念稿中采用“临时图像”的时候，应该告知客户这幅图像只是一个用于表达设计概念的“示意图”。一旦客户决定选择这个设计概念作为终稿，那么就应该聘请摄影师或插画师，或者对所使用的图库图像的版权进行购买。

在限定范围内紧锣密鼓地开发体现不同独特品牌个性的设计概念，更容易建立起真正符合客户市场营销目标的解决方案。其中有些设计概念可能会充满鲜明个性，但也许会超越传统设计领域的范畴或产品认知的目标。有些概念则可能被认为过于保守，这样的设计虽然符合设计目标，但没有什么风险，也可能不具个性。所以，为了避免设计出不太可能被客户列入选项的设计概念，在整个设计开发的过程中要始终牢记客户的期望。

文案与各平面元素的设计布局

本阶段将进一步对主要展示面上的所有一级、二级文案和平面元素的设计布局进行优化，并且根据包装结构对包装的上盖板、底板、背板和各侧板的平面进行设计。产品描述、产品类别、产品名称和渲染性文案，这些讲述产品故事或对产品进行说明的文稿都要出现在设计概念稿中。任何法律要求标明的信息（如包装体积、净重、产品数量、营养信息、成分、警告说明等）也需要在包装设计中找到适当的位置呈现出来。

配色

第3阶段到了该决定包装设计配色问题的时刻。

针对配色的考虑因素包括：

- 包装设计所采用的配色，相对于同类竞争产品的颜色效果
- 在产品系列中，配色方案是否可以清晰区分出各产品的品种或口味
- 配色是否能传达出品牌或产品的独特个性、属性或主题

生产问题

大多数的生产问题开始在第3阶段得到解决。我们在电子设计稿件中应该对所有设计元素进行组织整理并划分图层。此时也要与供应商和相关的生产服务提供商们进行联络，以确保正在开发的设计概念适用于批量生产。

调研

在第3阶段中，创意人员将会对包装设计概念中的资产或任何有价值的要素进行彻底的评估研究。正如马尔科姆·格来得维尔（Malcolm Gladwell）在其《眨眼之间》

（*Blink*）一书中所提到的，人们进行初步判断或迅速做出决定的时间只需要两秒。[3]在零售环境中，消费者获取包装设计所传达信息的时间大概也就是这么短短几秒而已。

在此阶段对消费者进行调查将有助于权衡各种设计元素的价值，并了解这些元素对建立品牌资产是否有效。调研工作还可包括店内审查、市场测试、焦点小组访谈或者其他研究手段，以便了解包装设计与目标消费者的关联性情况。对包装设计进行评估的另一种方法，就是把设计出来的实物模型直接放置在零售环境中。你也可以通过数码软件模拟出产品在同类产品区的货架陈列效果，以便测试出包装设计概念是否真的能从同类竞品中脱颖而出。

第3阶段的调研工作会有助于：

- 观察产品在竞争中的优势和劣势
- 探索新的灵感和设计方法
- 测试消费者对包装设计概念的反应

提案演示稿

从设计概念、草图直至最终提案演示稿，客户们总是认为他们所见的也就是他们将会得到的。设计师永远都不应该试图劝说客户去设想最后的图像或颜色是什么样的，而应该直观地在客户面前呈现与最终生产的包装设计相匹配的设计稿件。为确保在提案样稿及最终的包装印刷成品中的颜色能准确地达到预期效果，我们需要对打印机或印刷机进行打印测试与校色。

实物模型

包装设计中的实物模型有三维模型或白模以及各式各样的尺寸，它们为设计师和营销商呈现出最终印刷包装设计的实体样貌。

设计师制作实物模型，是为了帮助自己以及客户通过立体可视化的方式来感受包装设计。虽然在设计过程的各个阶段都可以制作模型来推敲设计方案，但这在第3阶段显得尤为重要，实物模型将成为审核设计方案的工具。因此，为帮助审查和判断，所有的设计元素都需要应用其中。

实物模型的制作要求应近乎完美，与实际印刷成品一致。事实上，实物模型往往靠手工精心制成，其精准度、质量远胜于最后的大批量生产制品。模型的结构测算、所有种类的平面设计元素的位置和布局，以及最终的打印输出都应具有最高质量的标准。

对于设计师而言，在三维立体的状态下对包装设计的各种元素的相对比例和布局进行评估和调整是非常重要的。同样的平面设计和文字在三维立体结构和二维平面（比如电脑屏幕和激光打印机）所显示出来的效果，无论是在尺寸比例还是位置上都会发生变化。比如当人们用眼睛观察包装罐之类的三维结构时，就有可能出现视觉失真，当从某一个点（不转动罐头）看向罐子时，视角会受限于罐头曲面宽度的影响。在立体模型中，各平面设计元素的布局和位置也将受到印刷和生产因素的限制，例如折叠纸盒的折痕、划痕及切口的最小距离。此外，在二维平面上效果出色的设计元素，也许在三维立体结构上会显得非常平庸而不显眼，因此尤其要考虑当它与同类竞争产品相比较，或被放置到零售环境时的情况。实物模型可以根据包装的适销性不断做出调整和优化，从而缩小范围，直至最佳设计解决方案的出现。

实物模型能真实地演示最终印刷成品，因此它们经常被用于消费者研究，广告、电视和宣传资料拍摄，并在销售会议和贸易活动中被展示。在广告中，当实物模型不再为销售或生产提供决策时，它们可能只呈现主要展示面中最直接可识别的品牌和产品属性：品牌标志、主视觉形象以及消费者触点。同时，包装中的辅助信息可以被简化或删除，如净重、辅助文案或设计辅助元素。

虽然设计师往往会自己动手制作实物模型，但仍有许多企业会提供模型设计、开发和制作服务，为设计开发阶段提供有力支持。这些公司的业务范围会包括注塑成形、丝网印刷、高清数字文档打印、凹凸压花、烫印或转印等（见图4.64至图4.69）。

3 马尔科姆·格来得维尔，《眨眼之间：无需思考的选择》（*Blink: The Power of Thinking without Thinking*），纽约，小布朗（Little, Brown）出版社，2005年。

案例研究

客户：True Lemon柠檬味饮料/ 设计公司：Blue Marlin

Blue Marlin公司的前董事总经理吉恩·科佩尔（Jean Koeppel）曾这样说："我们需要建立一个明确的主张，而不是用太多的信息来扰乱品牌形象或降低品牌格调。我们当时探索了用许多不同的方式来表达品牌的个性——真诚的、创新的、充满激情的、有趣的、有点特立独行的。我们最后设计的视觉主形象是一个令人垂涎欲滴的、感觉十分真实的果皮插画，正好展现了它从货架上跳下来的模样。这个设计一鸣惊人并且让我们非常自豪，因为它清晰地传达了品牌信息：True Lemon就是纯正的柠檬。设计中虽然没有大量的文案，但效果却更佳"（见图4.34至图4.63）。

图4.34至图4.63

True Lemon柠檬味饮料包装设计概念开发图示，展现了其在设计发展过程中所探索的广度和深度。

从最初的设计草图（探索了一系列在货架中能吸引消费者注意的产品特性）到更严谨的设计策略方案，引人入胜的品牌个性贯穿于整个设计过程。

设计公司：Blue Marlin

客户：True Lemon

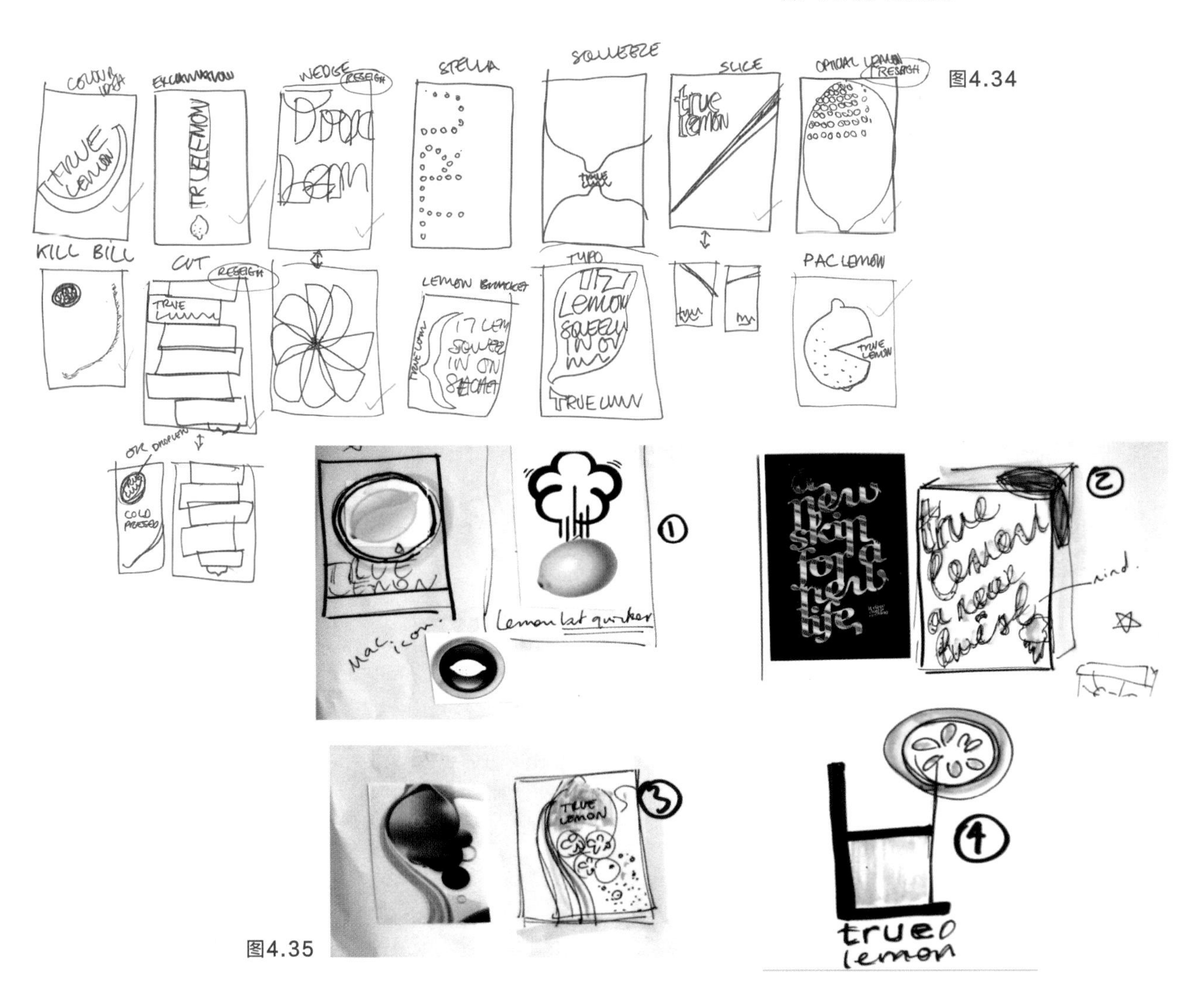

图4.34

图4.35

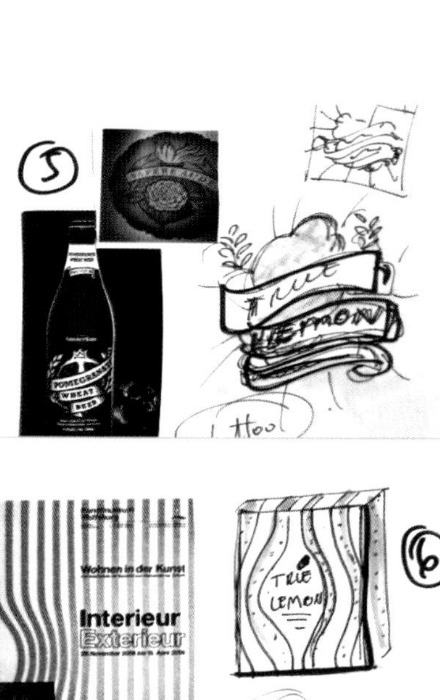

图4.36

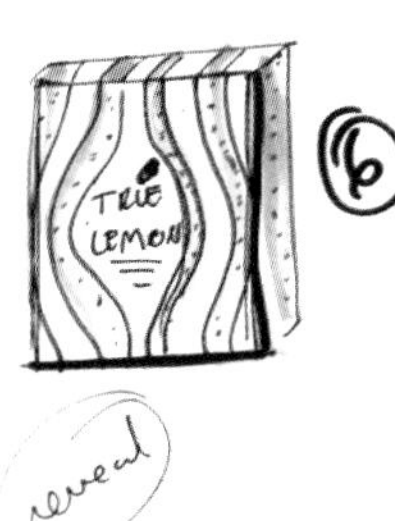

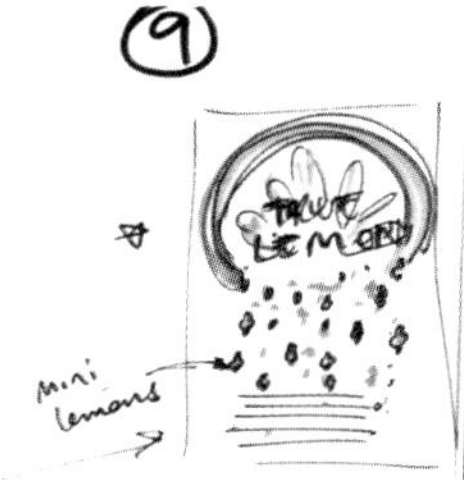

图4.37

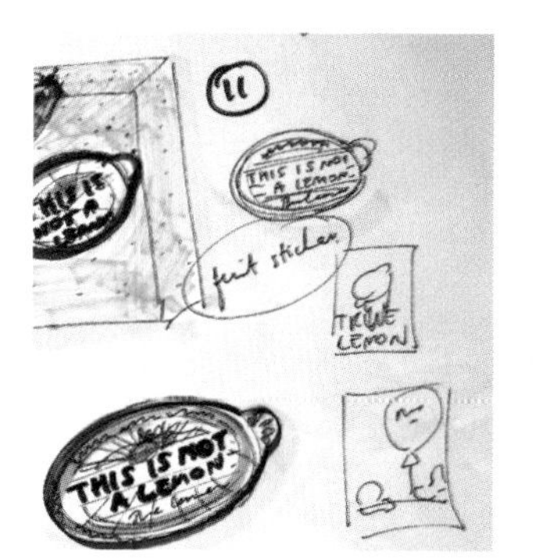

图4.34
True Lemon饮料包装设计缩略草图。

图4.35、图4.36和图4.37
True Lemon饮料最初的设计草图。

客户: True Lemon柠檬味饮料/ 设计公司: Blue Marlin

图4.38
True Lemon设计策略平台1:“粉碎”。

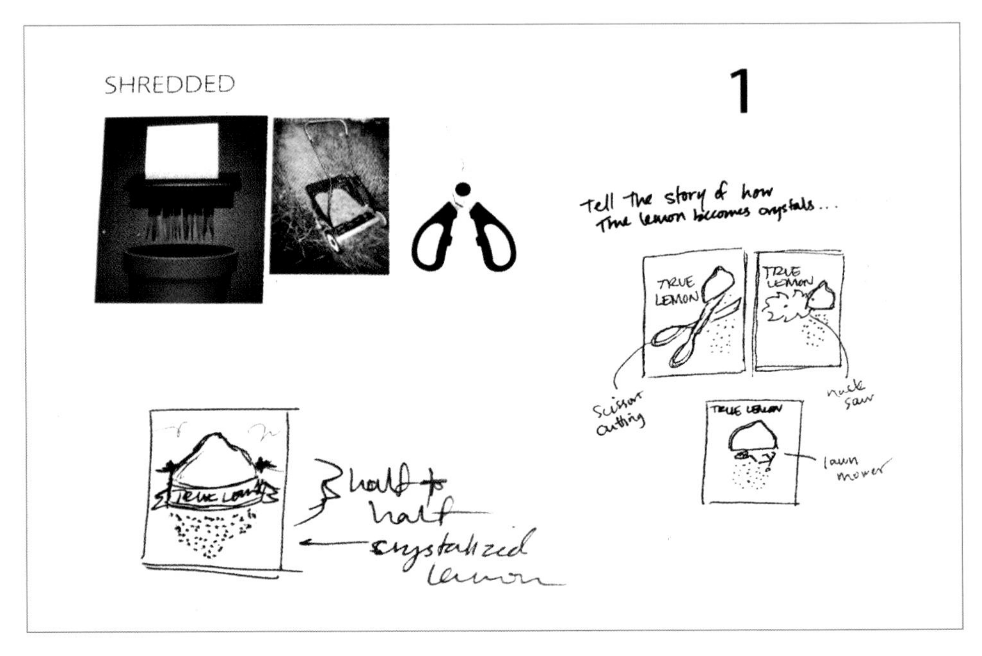

图4.39
True Lemon设计策略平台2:“悖论”。

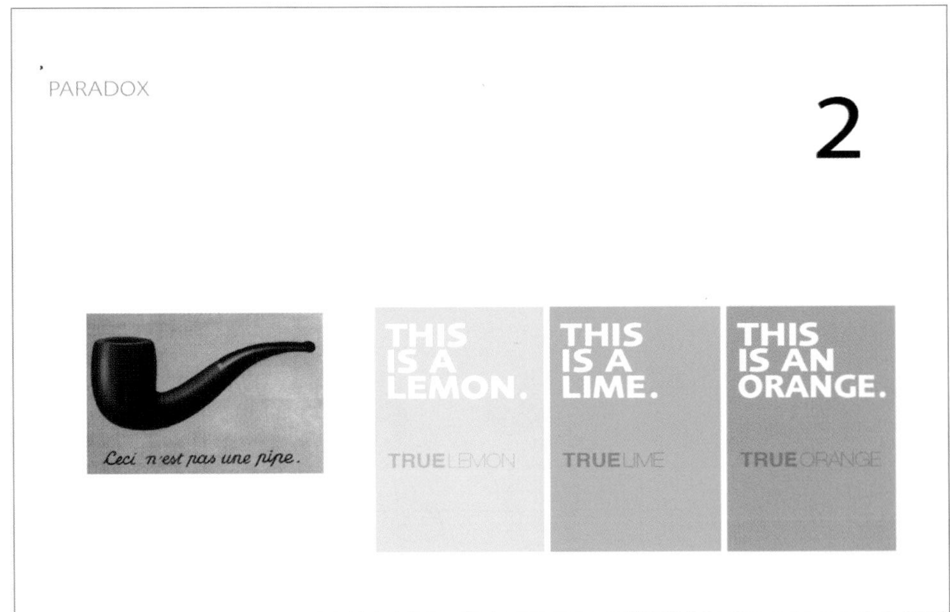

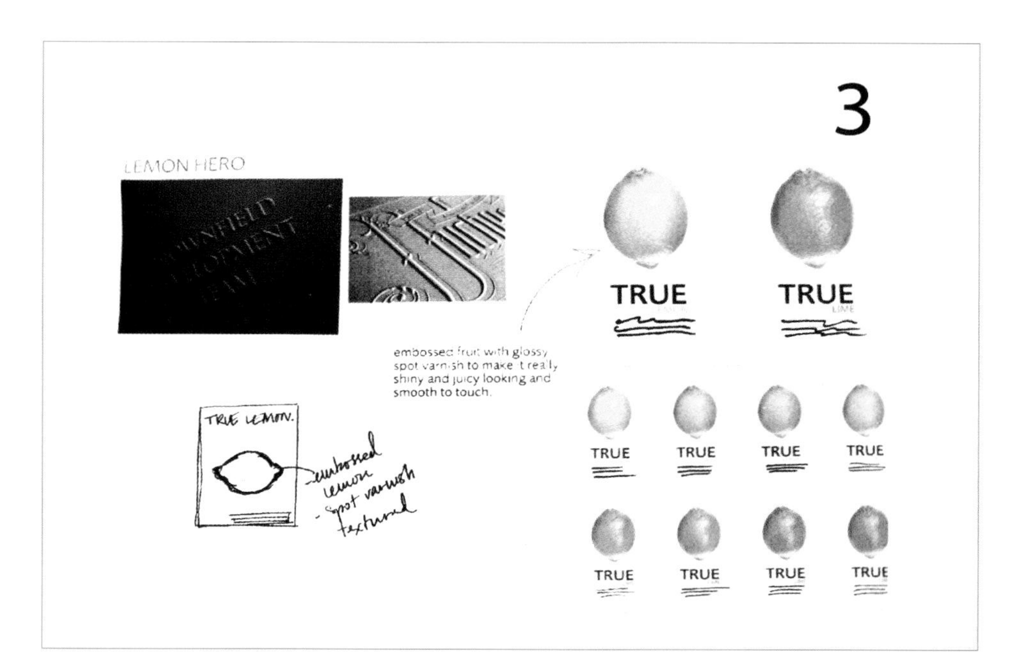

图4.40
True Lemon设计策略平台3:“柠檬英雄”。

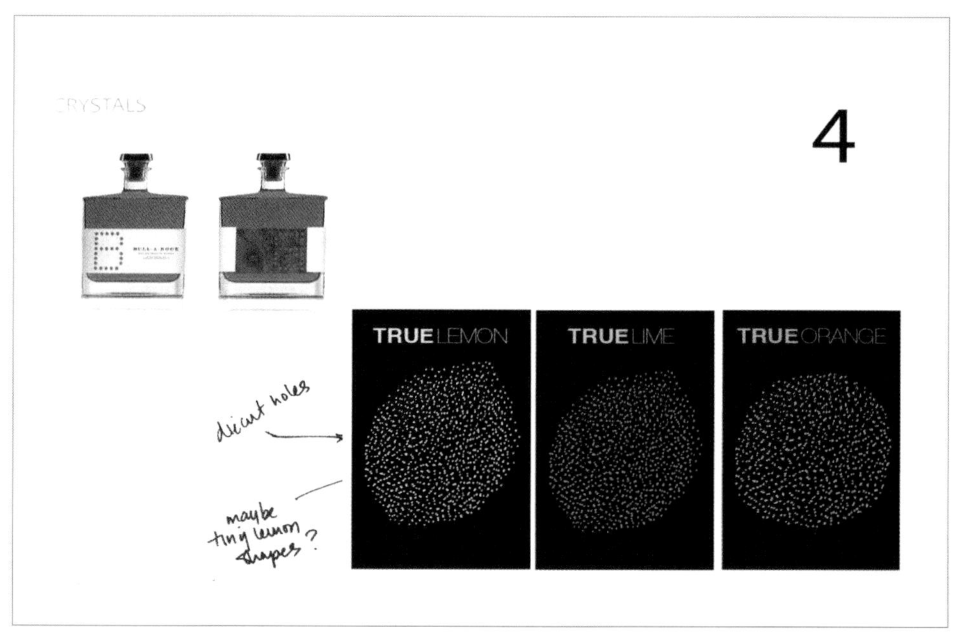

图4.41
True Lemon设计策略平台4:“水晶”。

客户: True Lemon柠檬味饮料/ 设计公司: Blue Marlin

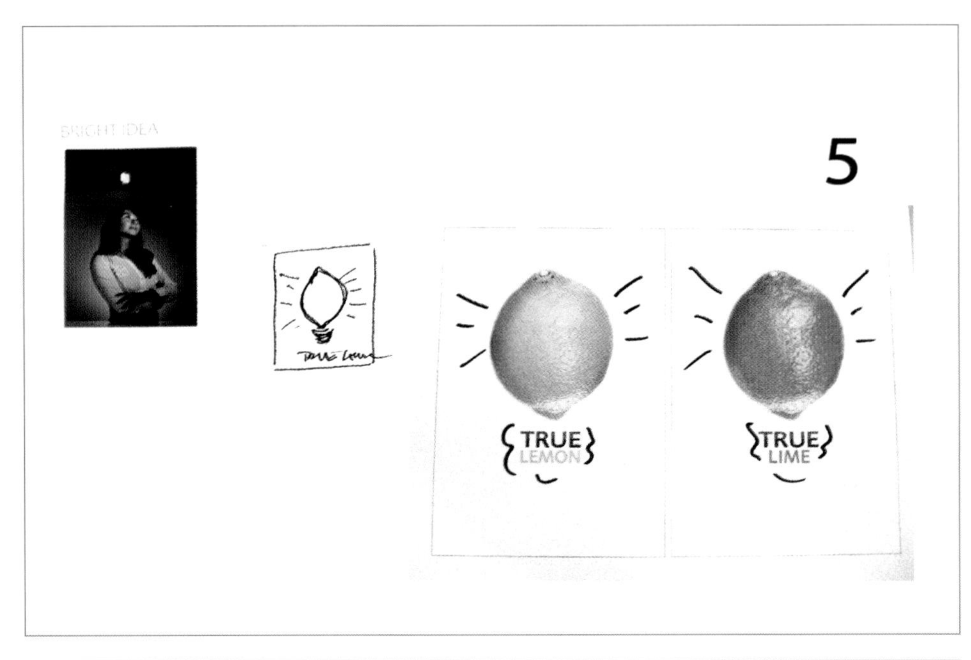

图4.42
True Lemon设计策略平台5:“好主意”。

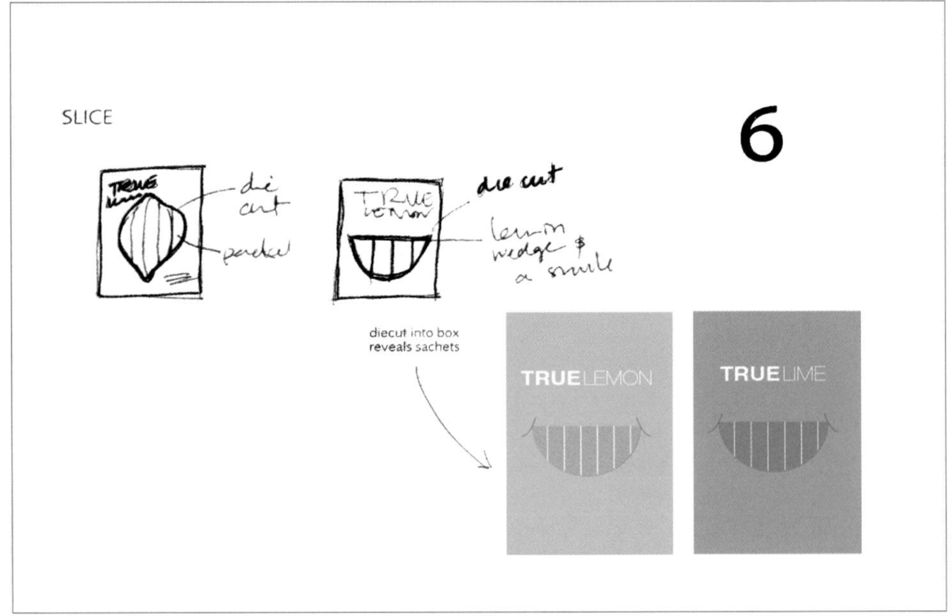

图4.43
True Lemon设计策略平台6:“切片”。

图4.44
True Lemon设计策略平台7:“柠檬皮”。

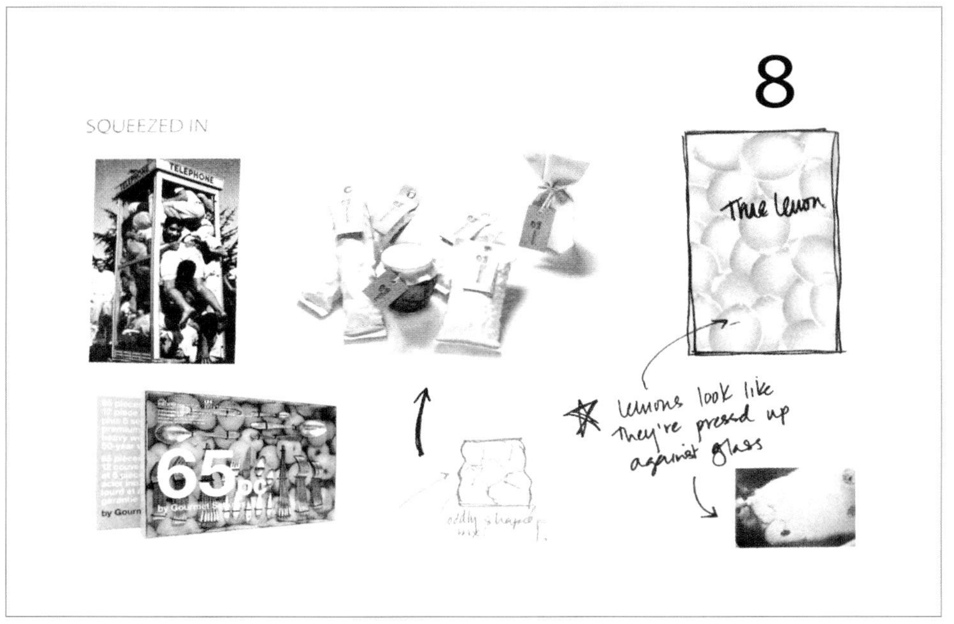

图4.45
True Lemon设计策略平台8:“挤榨”。

客户：True Lemon柠檬味饮料/ 设计公司：Blue Marlin

图4.46
True Lemon设计策略平台9：“柠檬拼字”。

图4.47
True Lemon设计策略平台10：“对柠檬的爱”。

图4.48
True Lemon设计策略平台11:“纯正的大柠檬”。

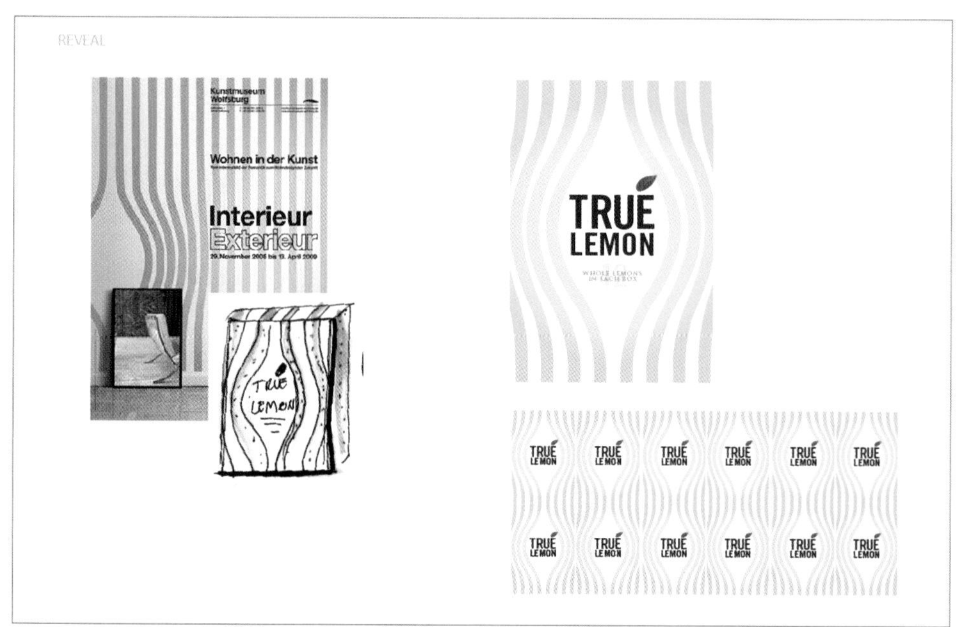

图4.49
True Lemon设计策略平台12:“揭示”。

客户: True Lemon柠檬味饮料/ 设计公司: Blue Marlin

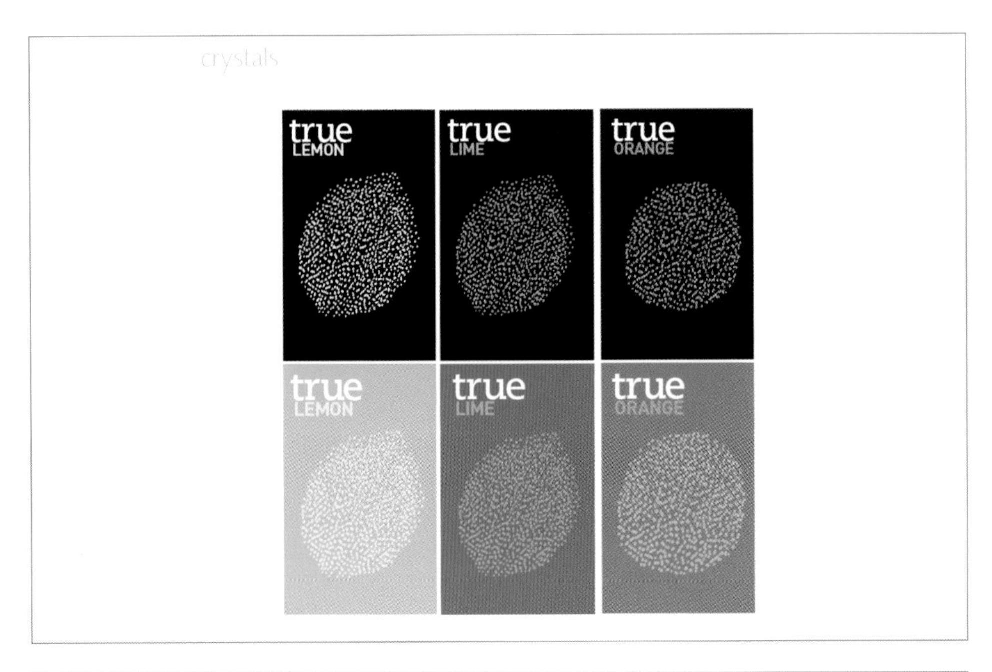

图4.50
True Lemon设计策略平台13: “水晶”。

图4.51
True Lemon设计策略平台14: “好主意——方案2”。

图4.52
True Lemon设计提案演示稿1:“日食”。

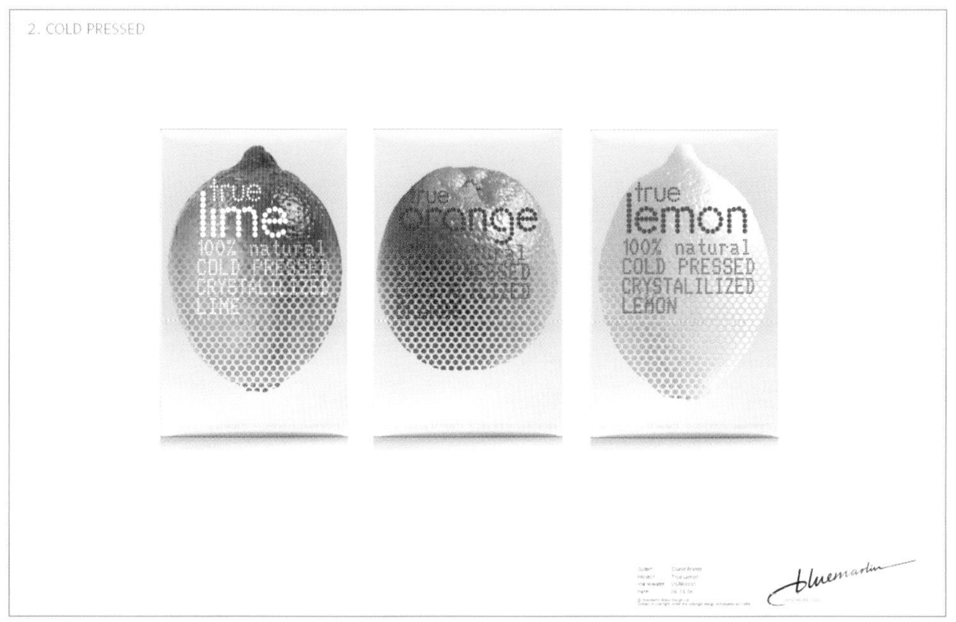

图4.53
True Lemon设计提案演示稿2:“冷榨”。

客户: True Lemon柠檬味饮料/ 设计公司: Blue Marlin

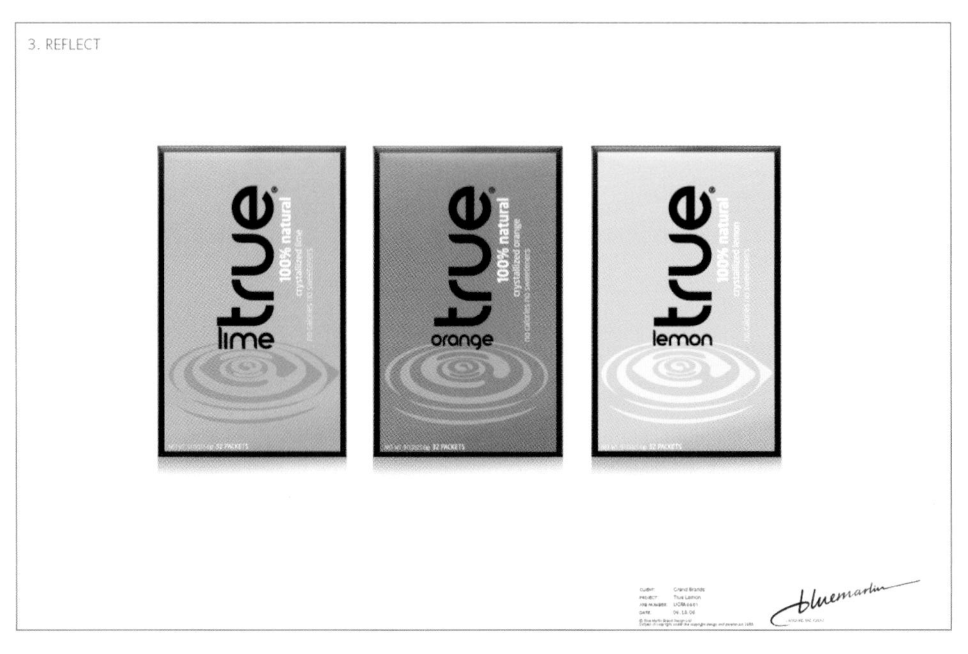

图4.54
True Lemon设计提案演示稿3: “照映”。

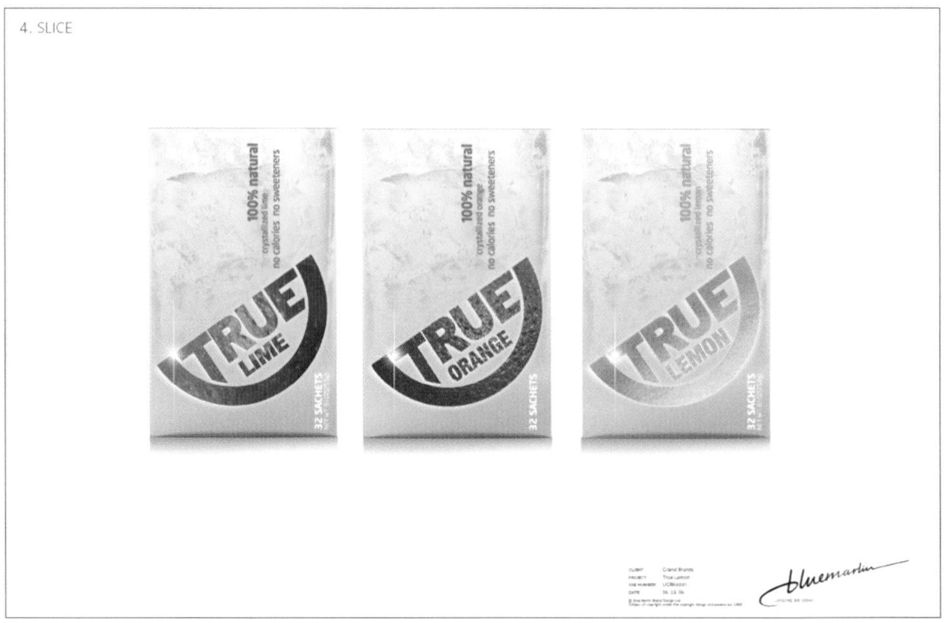

图4.55
True Lemon设计提案演示稿4: “切片”。

图4.56
True Lemon设计提案演示稿5:“发现”。

图4.57
True Lemon设计提案演示稿6:“括号”。

客户: True Lemon柠檬味饮料/ 设计公司: Blue Marlin

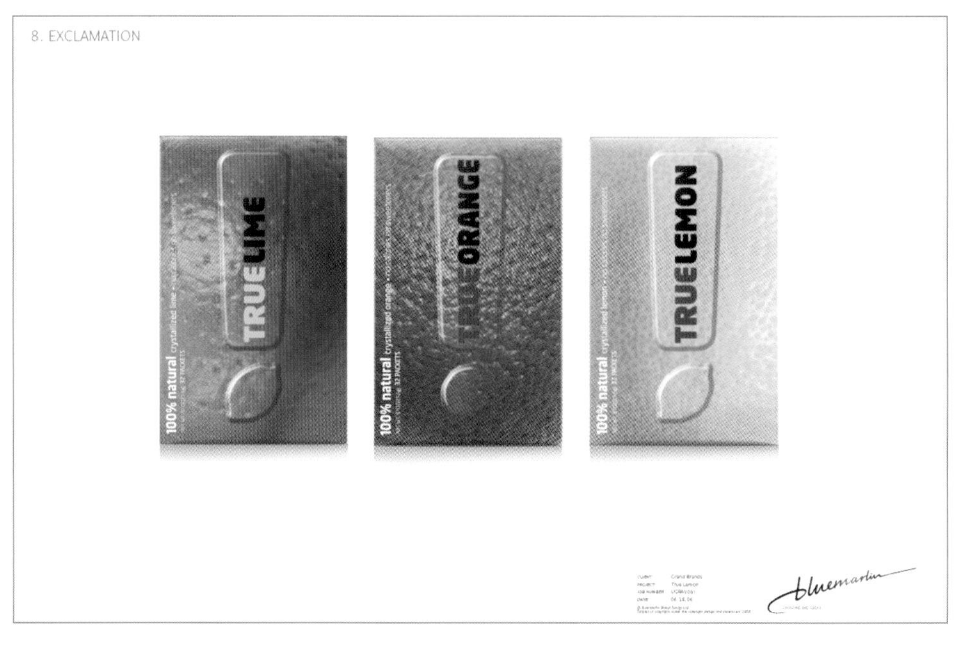

图4.58
True Lemon设计提案演示稿7:“惊叹号”。

图4.59
True Lemon设计提案演示稿8:“柠檬拼字——方案1”。

图4.60

True Lemon设计提案演示稿9:“柠檬拼字——方案2”。

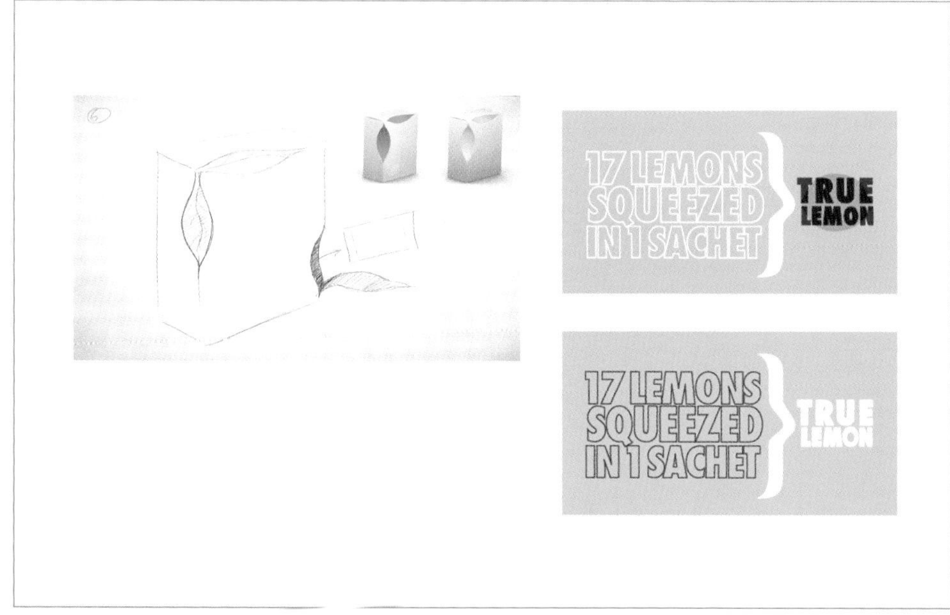

图4.61

True Lemon包装结构设计方案。

客户: True Lemon柠檬味饮料/ 设计公司: Blue Marlin

图4.62
True Lemon“感叹号”结构设计方案。

图4.63
True Lemon最终包装设计方案。

第3阶段的最终目标

项目协议中与客户达成共识的时间节点，决定了各阶段进程的长短和结束时间。设计可以一直修改下去，但必须在约定时间内完成。完美主义是优秀设计师的个性使然，但这个好品质也常常使设计师变得难以抉择，纠结于选哪个设计好或者无法确定设计的最终完成时间。所以，这需要设计师有足够的经验阅历以及敏锐的直觉，能感知到设计作品差不多就要成形了。第3阶段的目标是设计出一系列高度精练的解决方案，以满足特定的设计策略。随后，被挑选中的设计方案将会进入到设计优化环节，继续向前迈进，直至最终完成可上架售卖的包装（见图4.64至图4.69）。

图4.64至4.69
一些学生制作的包装设计实物模型实例。

图4.64
Buckskin Willows威士忌包装设计。
设计师：艾米丽·多尔森（Emily Dolson）

图4.65
POP Quiz爆米花包装设计。
设计师：艾米丽·多尔森

图4.66
Muscoot“Lil Farmer”儿童园艺工具包装设计。
设计师：艾米丽·多尔森

图4.67
Crepe Cafe有机薄饼包装设计。
设计师：艾米丽·多尔森

图4.68
Tajine调味料和香料包装设计。
设计师：艾米丽·多尔森

图4.69
Bee tea蜂蜜成分茶品包装设计。
设计师：艾米丽·多尔森

第 4 阶段：设计优化

在设计发展的收尾阶段，从众多设计方案中脱颖而出的包装设计稿将进行最后一轮优化。此阶段工作的重点在于提炼出设计项目的最终设计方案。客户可以要求对色彩、字体排版或平面图像进行修改和调整，直至最终设计方案中的每个元素都能有效发挥其作用，并清晰传达出预期的战略目标。

> **假设消费者被品牌的系列产品所吸引，他们就可能会从中选出自己想要的商品放在手中。此刻就是品牌与消费者之间建立更亲密关系的契机，所以包装设计需要以更巧妙的方式向消费者传递出产品的价值，也就是我们所说的“握在手里的品牌”。**
>
> **—— 马库斯·休伊特（Marcus Hewitt），卓更（Dragon Rouge）首席创意官**

设计师还应对最终的品牌标志进行细致的修整。字体的形状应保持平衡一致，字母和单词的排列应该整齐有序，字距、连字符号和轮廓线也应进一步得到优化。此外，包装结构的长宽高尺寸、辅助文案的排版和比例、色彩、平面图像及其他各种设计元素都应经过严格校对。在设计优化过程中，设计者可以在最终设计方案的基础上进行微调，从而形成数个变体形式以探索出最佳的设计方案，随之做好包装设计的实物模型，用于最终的设计提案演示。

零售环境中的审核

在产品进入到消费者手中之前，它会一直存在于零售环境中。设计师和他们的客户经常会在做出最终的设计决策时犯错，忘记

图4.70
乐之（Ritz）饼干的包装设计在货架上营造出了“广告牌”效应。

把产品在货架上的陈列形式作为考量依据。零售环境对包装设计的成功有着巨大的影响。产品在货架上的位置、灯光、过道宽度、零售空间的氛围、货架上的竞品，等等，都应成为衡量最终包装设计方案选择的因素。

将设计好的包装放在货架上，并走到远处观察，可以评估出它的影响力、可读性，以及设计的竞争优势和劣势。在包装设计中，图像、颜色、字体、版式都应该与包装形态紧密结合，从而为消费者塑造出一个强烈、清晰、积极的印象，使之清晰地传达产品的个性，并成功吸引消费者的注意力，以实现其销售目标。

营造“广告牌效应”

“广告牌”（Billboard）是包装设计中的术语，指的是品牌产品的独立包装在货架上组合呈现的一种形式，这种组合方式将会在货架上产生强烈的视觉效果。建立广告牌，可以使品牌利用其产品在货架上的位置有效彰显更为突出的视觉印象，进而营造出广告牌效应。实现广告牌效应的关键在于需要设计出一款有视觉影响力的包装（见图4.70）。

生产前的最终审核

当设计模型得到了客户的认可，预示着第4阶段的结束。客户常常会把包装设计的这些模型定稿保留下来，以便在董事会议、销售会议上或者向评审组的其他成员展示。因此最好围绕这些用途多制作一些备份模型。客户也许会要求对设计终稿进行进一步优化或修改，所以设计师必须保留好一份最终的模型以备不时之需。此外，客户与设计师也不会总是进行面对面的交流，所以如果设计师手中也有一份与客户手中的模型相同的设计稿，那么双方就可通过电话或者书面形式针对同一设计问题进行有效沟通了。

在第5阶段开始之前，来自外包服务印刷商、供应商(瓶子、瓶盖等)和其他服务提供者(压凹凸、镌刻等)所提供的最终生产报价将被提交到客户这里，进行生产前的审查、协商和批准。

为什么我们会用“广告牌”这一术语来指代那些也许只有几英寸高的包装呢？

包装设计作品可不会单个呈现在消费者的面前。虽然设计师们会高度关注那些可爱的工艺纸盒、管式结构、包装罐和包装瓶的各个细节部分，但是这些包装最终都会被塞到拥挤的货架上，与它们的竞争者并排放置。此时可以将多件包装不得不并置在一起的情况作为一种设计优势而充分加以利用。达到这一目标的办法就是利用重复效果，即当多个相同包装一起呈现出来时，营造出更强烈的视觉效果。

就像设计师们能够通过对结构、平面元素和色彩的独特运用而使一件包装设计脱颖而出一样，当多件相同产品或相近的花色品种被成群放置在一起时，你也可利用同样的技巧。这就是营造“广告牌效应”。

品牌标识符也能创造出广告牌效应。想象一下Jif花生酱的标志或者Oxo Bouillon汤品标志中经典的“X”吧，这些产品的品牌标识符可是占据了整个包装设计。在创造平面视觉重复效果方面，如果能够利用设计图案在各个相同纸盒包装之间建立联系的话，普通果汁的无菌纸盒利乐包装也能实现让人惊叹的创意。

在创建广告牌效应时，关键联系点往往是颜色。想一想金宝汤公司红白相间的汤品包装或者Pepperidge Farm公司对白色包装的偏爱吧。百味来（Barilla）公司的意大利面食系列则会创造出一堵极为惹眼的蓝色货墙。有时候去除一些设计元素，力求简洁，反倒能使品牌脱颖而出。

我们可以把广告牌效应看作是音量控制——增大音量或减小音量都能引起人们的注意。广告牌效应是一种手段，而非最终目标。其最终目标则是塑造起一个能够引起新老顾客共鸣的品牌。

——马库斯·休伊特，卓更首席创意官

第 5 阶段：设计完稿与印前准备

接下来，就到了各项印前准备工作阶段，这是为了最终通过客户审核的包装设计方案能够顺利投入生产。有时需要由设计师或设计公司负责准备好用于生产的各种文件。如果在整个设计过程中所有设计文件都被整理得井井有条，那么这项工作就会变得轻松许多，也就意味着使用者可以轻松找到，随时可以调取和使用这些文档。接下来就可以将设计完稿交付到生产专业人员手中，并最终由他们负责传输至打印设备，实现生产。

设计师最后的工作任务就是到印制现场跟单，与负责印刷的专业人员会面，审阅该印刷工作的各项规格要求，监督并确保首次印刷的顺利进行，并建立起质量标准，以确保本印刷批次制品达到预期设定的质量标准。印刷检测的结果通过审核以后，设计师的工作即告结束。

印前检查清单

在生产前，下列材料必须提供给印刷商：

- □ 机械制造的电子文件
- □ 包含所有使用字体格式的文件夹
- □ 色彩校样稿件
- □ 所有高清晰度的图像链接文件
- □ 设计完稿文件中标有特殊印制工艺图层、颜色通道分离
- □ 色彩的色样（尤其是专色的色样）
- □ 后道的技术规格（例如涂布工艺）
- □ 模切、开窗切割的要求

包装在零售环境中的可见性

理解包装设计是如何帮助消费者区分货架上的产品是至关重要的。包装设计过程的最后一步需要考虑包装设计将以何种形式出现在它即将面对的生存环境中。设计师最终需要设计出畅销的包装——或者说“在零售中取胜”[4]的包装，这就意味着包装设计必须能够吸引消费者的注意力，并以某种特定的意义与消费者建立关联。在零售环境中，如果消费者们看不到它，它也就无法推动品牌的销售业绩。

可见性是包装设计在零售环境中最重要的成败因素。在发布新产品时，若忘记考虑产品的货架效果，就可能会导致销售业绩不佳。事实上，忽视货架问题可能是许多新产品失败的一个重要原因。商店里存在很多阻碍产品可见性的障碍，如纷繁杂乱的物理环境、照明不佳的灯光问题、尴尬的货架高度和过道宽度，等等。除此之外，如何在货架上妥善摆放产品也是一项极具挑战的工作。

负责产品位置（产品包装设计在货架上的位置摆放）和整个品牌产品的上架管理的人员对包装设计的可见性有着非常重大的责任。定价标签常常会直接贴到品牌标志或设计的关键展示面上，这是另一个容易被忽视的地方，这会分散人们在商店中对产品包装的注意力。

了解购物者的行为和体验不同的零售环境可以为设定有效的设计策略提供帮助。我们可以通过色彩重组、开发专属结构、利用视觉营销工具，如：货架陈列效果图（为零售商铺货提供的首选产品货架陈列说明）、建立POP促销展柜（指将产品包装置于体积更大的二级或三级包装中，无需贴上价格标签可以在店内进行销售的手段）等

4 引自乔纳森·亚瑟（Jonathan Asher），锐敏市场营销策划公司执行副总裁。

方式提高包装设计在商店中的可见性。这些方法最终能使包装设计克服所有零售环境中的障碍，成功吸引消费者们的注意力，从而促进销售（见图4.71至图4.72）。

品牌活化

品牌可以超越产品及其包装设计而存在于消费者的心目中。品牌活化是指品牌为积极吸引消费者所建立的一系列销售工具：官方网站、用来宣传和促销的车辆、广告和社交媒体等。它们是令品牌在瞬息万变的竞争零售环境中得以生存的资本。

零售环境的设计，以及其中的销售组件，是品牌如何表达自己、吸引消费者、与消费者在体验上建立联系的又一途径。建筑、装置、家具、标牌和陈列都可以成为品牌的触点。来自印刷品、贸易展会、行业展览、动态图形、导视标牌和环境图形的视觉交流都可以成为品牌体验的组成部分。从品牌营销人员的着装和谈吐到在零售环境中产品包装材料的质感，这一切构成了消费者心中的品牌印象。塑造成功的品牌是一个长期的过程，它建立在品牌产品质量的基础上，并需要成功经营好品牌的所有触点。

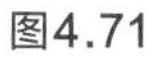
图4.71
Steaz汽水饮料包装（饮料瓶与四合一组合装）。
设计公司：Wallace Church
客户：Steaz

图4.72
在货架上的Steaz包装。

设计过程中的要点

- 了解产品或该品牌的各项长期战略目标
- 分析产品及其品类特征
- 根据市场研究报告描绘出一幅有关各项战略目标的蓝图
- 让所有关键人员都参与进来
- 对时间进行适当管理
- 事前询问各种相关问题
- 循序渐进地开展设计工作
- 在设计中保持视觉画面的层次感
- 考虑一些体现环保精神的设计方案
- 始终以消费者为导向
- 将各种备选设计方案放在实际的零售环境中进行评估
- 能够为设计概念进行定义和解释，并提供一套逻辑依据
- 呈现精准的实物模型
- 计划生产方案
- 再三仔细审查校对生产文件的准确性

5 包装设计行业

公众对服装设计、广告设计、平面设计、室内设计、建筑设计，甚至汽车设计等行业都有所认知。令人惊讶的是，很少有消费者了解产品的包装设计是怎么回事。尽管大多数人从早晨醒来至晚上睡觉前都在接触消费品，从个人卫生用品到餐后零食，消费者整天都在与包装设计打交道，但包装设计业务直至今日才开始在公众意识中占据一席之地。

普通的消费者几乎不会意识到包装设计除了适销产品，还需要经历一个耗时久、耗资大、具有创意性战略的研发过程。尽管在零售环境中产品众多且竞争激烈，但消费者们还是能将它们一一区分，并且会常常对一个或多个品牌保持长久的忠诚度。但他们很少会去考虑这些品牌及其包装设计在视觉传达方面的复杂性。

利益相关者

如果将所有为消费品提供营销服务的行业全部合并到一起，那么消费品行业无疑将成为全球经济中占据比重最大的行业之一（全球资产将超过2万亿美元）。包装设计作为一种有效的销售工具，在快速消费品（FMCG），也被称为包装消费品（CPG）的类别中起着至关重要的作用。这个类别涵盖了与旅游和休闲、制药、科技、食品、饮料、个人护理等众多零售行业相关的产品。包装设计行业从业人员的角色和职责，以及他们所能获得的机会是多种多样的。事实上，从事这一令人兴奋且富有挑战性和创造性的职业有着广阔的发展前景。

设计团队与营销团队中的每个成员都有自己的独特专长，有的负责市场营销，有的负责产品研发，有的负责生产制造，有的负责包装设计。因此，他们每个人对于实现包装设计的成功都起着至关重要的作用。除了这些成员的参与，在竞争激烈的消费者品牌行业中，还存在着许多的利益相关者（见图5.1）。

在过去的包装设计业务中，利益相关者们的角色有着明确界定。由营销商担任决策者，行业其他专业人员被视为服务提

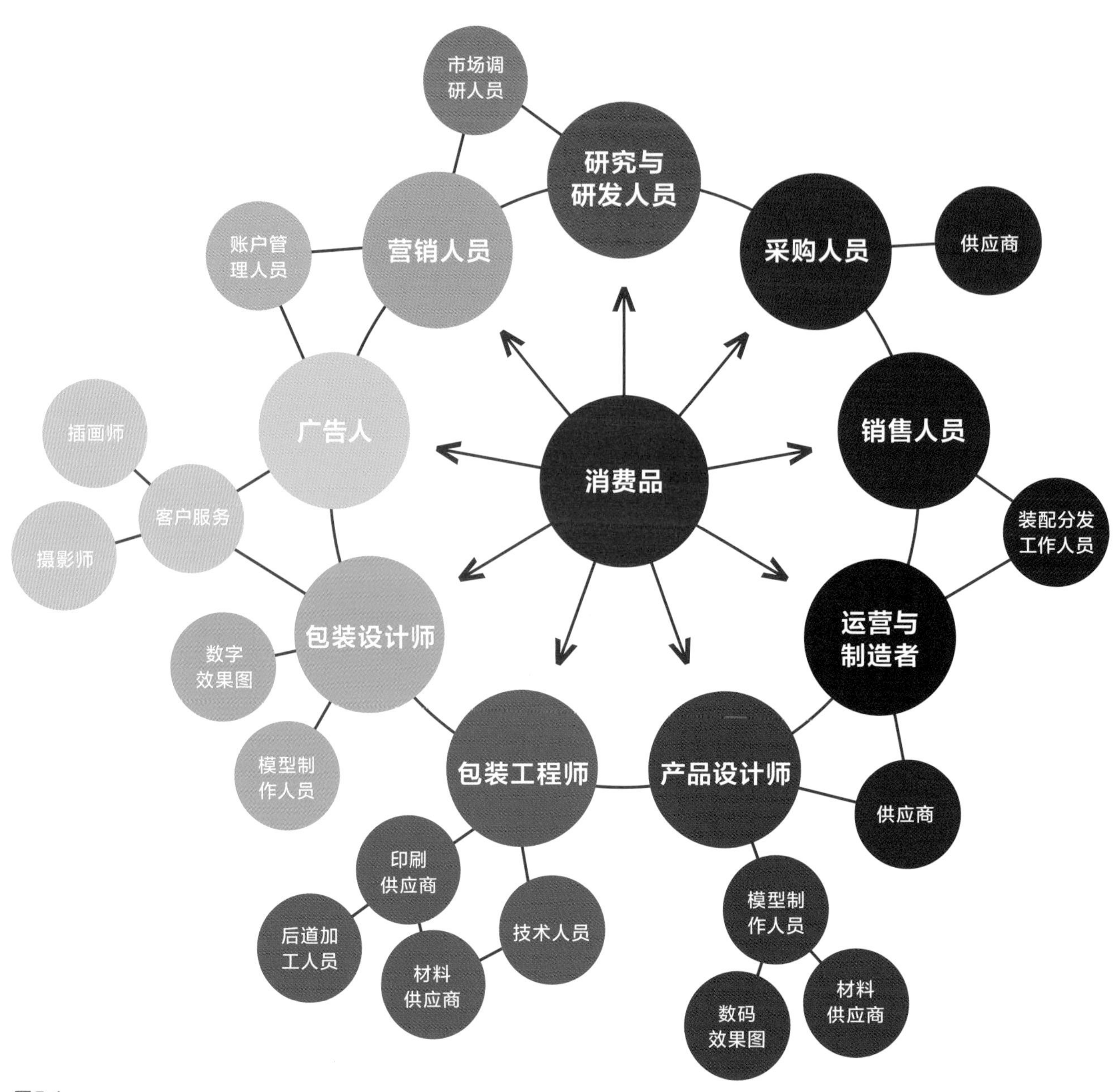

市场调研人员
研究与研发人员
采购人员
供应商
账户管理人员
营销人员
广告人
插画师
客户服务
摄影师
消费品
销售人员
装配分发工作人员
运营与制造者
包装设计师
数字效果图
模型制作人员
包装工程师
产品设计师
供应商
印刷供应商
技术人员
后道加工人员
材料供应商
模型制作人员
数码效果图
材料供应商

图5.1
利益相关者。

供者或“供应商”。然而，随着新技术的产生发展，以消费者为导向的设计意识的演变和零售行业需求的与日俱增，营销商开始与全球企业展开业务合作。如今他们共同致力于包装设计的开发，并将其视作企业品牌战略的核心组成部分。

营销商们了解包装设计的全球价值，所以在很大程度上依靠设计与所有相关业务之间的合作关系来实现其目标。这些专业人士以其丰富的知识与技能、惊人的创造力和敏锐的直觉使包装设计成为备受尊重的行业，他们的通力合作对市场营销的成功至关重要。事实上，在包装设计任务的初始阶段就应让所有的利益相关者都参与进来，这种做法可以帮助企业节省时间、节约成本。

工作环境

创意服务行业的专业人员既可任职于消费品公司内部，以此服务于品牌，也可以担任包装设计公司的设计师，或作为独立设计从业者。包装设计项目往往需要数支专业设计团队（或独立设计师）、客户方和印刷供应商的参与。设计公司的规模、所在地和结构都可能成为影响客户选择供应商的因素。归根结底，拥有各方关系和优质的服务质量才是商业合作成功的基础。小型设计公司也可以承接国际大品牌客户的项目，国际设计咨询公司也会为地方性小型设计公司提供服务。

企业内部的设计团队和外部设计事务所的商业结构差异很大。业务量的大小直接影响着设计团队的具体组织构架，也是其编制数量和层级关系设定的基础依据。根据业务需求，任何规模的消费品公司都可以仅聘用一名包装设计师或雇佣一整支设计团队来完成包装设计的工作，又或者可以把所有的设计工作外包。许多大型的消费品公司虽然在公司内部拥有数支由多位包装设计师组成的设计团队，但有时为了达成企业的各种目标，依然会将一些设计服务外包。

在设计公司和消费品公司内，设计团队中的专业创意人员的角色和责任也不尽相同。每个组织在建立设计团队结构时要依据其商业模式和客户需求来考量。大型设计公司通常有多支设计团队，每支团队都配备创意总监，而在较小的公司里，往往是一个创意总监负责所有的项目。有些公司等级森严，每个员工都有自己的岗位角色，而有些公司则希望员工能完成多重任务。无论结构如何，从创意总监到生产协调员，设计团队的每位成员都必须充分了解既定设计任务的目标，全身心地在工作中扮演好各自的角色。

一个产品和它的包装要想成功，必须在多个层次上满足消费者的需求。在市场中反复使用某些老生常谈的概念的时代已经一去不复返了。如今的市场环境，要求每次产品设计都确保采用正确的设计概念。要做到这一点，最好的办法就是在产品的开发周期内将营销部门以及设计公司结合起来，从而确保该产品在美学角度与功能角度都能做到恰到好处；还要结合消费者调研，以便确保产品与用户的对接是有效的。我们都有过这样的体会，如果将上述各方结合的工作一直拖延到概念开发阶段才推进的话，一定会导致项目在时间和金钱上的浪费。我们的消费者需要我们在最短的时间内让产品上市，并抓住最佳的营销时机取得成功，而上述多方结合的工作方式就是达成这一目标的关键。

—— 丹尼尔·A.阿布拉莫维茨（Daniel A. Abramowicz）博士，
皇冠控股有限公司（Crown Holdings, Inc.）技术及监管事务执行副总裁设计专业人员的角色以及与各方之间的协作关系，意味着设计师不仅需要专注于提供出色的创意设计解决方案，还要明确既定的商业目标，保证设计质量，诠释以市场调研为基础的设计逻辑，寻找合适的供应商和销售商，并具备管理预算及各种财务能力。

职位和职能

以下列出的职位和职能（因不同的企业

采访

詹尼斯·贾沃斯基（Janice Jaworski）

Anthem董事总经理

能不能请您先介绍一下自己是如何进入到这个行业的？

我原本是在罗德岛大学读法律预科专业。当时，我就想成为热门电视剧《洛城法网》（*LA Law*）中由苏珊·黛（Susan Dey）饰演的格蕾丝·范·欧文（Grace van Owen）那样的人。当我意识到记忆那些法律知识并非是我的强项时，我就明白，成为一名诉讼律师对我而言是不可能的。于是，我转到了自己熟悉和喜爱的专业领域：艺术与设计。后来我获得了美术学士学位并顺利毕业，回家后我开始思考自己的下一步。

我毕业后的第一份工作是在康涅狄格州的一家设计公司做一名兼职拼贴画艺术家，为卡夫（Kraft）食品公司制作货架上的吊牌。接下来在康涅狄格设计公司King-Casey的工作才算是我第一份真正意义上的工作。在那里，我花了三年的时间从摄影师变成了高级设计师。之后，就到了该去大城市闯荡的时机了：我在朗涛品牌咨询公司（Landor Associates）获得了高级设计师的职位。那之后，我又在Benchmark Group品牌咨询公司担任了7年的创意总监，最终离开那里创办了LAGA NY。我在LAGA NY做了五年的创意总监，在此期间，我将团队从两个人的规模发展到三十人。之后我离开了公司，进入数字领域进行新的探索尝试。

我在互联网咨询公司Viant时，由于自身兼具创造力及领导力的才能完美融入了交互领域，引起了轰动，那是一段既开心又刺激的经历。我在那里待了两年，直到互联网泡沫破灭，公司关门倒闭。之后我不断改弦更张，稍稍尝试了些不同的行业岗位，从创意部门转到商业战略及管理部门，成为了英图博略（Interbrand）的集团总监。之后我又去了Ceradini design设计公司工作，负责高级业务开发。然后，硕科公司（Schawk）给我提供了一个机会，即开创Anthem! Design/NY公司。我抓住了这个机会，从而开启新一次的创业。

您能否跟我们解释一下您目前的工作职位，以及您在这个工作中是如何保持成功的？

我当前管理着一家拥有60名员工并且还在不断发展的公司：Anthem，它是硕科公司旗下的一家子公司，是全球17家办事处之一。我们提供一系列服务，包括品牌策略、设计策略、消费者研究、二维和三维创意设计以及数字媒体设计服务。

而异），着重介绍了包装设计中的专业角色以及职责的多样性。

首席执行官（CEO）/负责人/合伙人/所有者

- 领导整个组织
- 制订组织目标、运作计划和政策
- 确定短期及长期商业目标
- 指导并协调所有管理活动
- 负责预算、财务以及资金的盈利和回流（ROI）

我在设计、生产、策略、数字媒体、账目管理和销售方面的背景为我提供了丰富储备。在保持作为一个创意工作者的热情的同时还要具有商业头脑，以及管理好一家公司，兼具这些对我而言是一项极大的挑战。我一直试图用全部的经验去真正理解每个项目、每位员工和每个客户关系。另外，我非常乐观，这一点对我来说也有很大的帮助。

在与众多设计师合作的过程中，最大的挑战是什么？

最困难的任务之一是在力量与同情之间取得平衡。归根结底，我领导着一个必须出色完成任务的工作团队。而且我既是完美主义者，也是关系建立者，所以这就像是一场不停的拔河比赛（拉锯战）。要管理的人越多，也就意味着这场拉锯战越艰巨。

有没有什么关于生意的问题是您希望自己早些知道的？有什么圈内秘密吗？

我希望我能早些知道，在创意领域有着太多的职业发展机会。在这个行业并非只有成为最耀眼的设计师才算成功，每个项目里每个岗位都有其重要价值，从行政助理到董事总经理，他们每个人的贡献对项目的成功都有重要意义。获得成功的秘诀就是，无论客户、策划还是创意方面，都要保持通力协作和平等交流。我最喜欢的谚语之一就是“别为小事忧愁，做好决定继续前行”。如果不是聚精会神高效地工作，你在工作室熬再多的夜也未必能实现你的目标。只有把握好工作和休闲的平衡才能产出最佳成果，才能使雇员投入、高效又满意。

对于刚开始在这个行业工作的人，您有什么建议吗？

工作一定先是为了积累好的工作经验而不是为了赚钱。应该尽己所能地找到一家最好的公司并在里面获得一个职位。当你觉得在这家公司里已经学得足够多时，那就可以跳槽去找一家更棒的公司任职了。如果你在职业道路上遇到了挫折，那就换一个视角或者重新调整你的态度来继续你的职业生涯。在过程中，要尽可能地多听多学。最后再说一点，就是如果你是在坚持做你喜欢的事，那么钱自然而然会随之而来的。永远记住这句话：职业生涯里每个工作都是一段旅程，而不是终点。

约翰·德尔福斯(John Delfausse)

可持续包装解决方案有限公司(Sustainable Packaging Solutions LLC)顾问
全球包装发展公司(Global Package Development)前任副总裁
雅诗兰黛公司包装部(Estée Lauder Corporate Packaging)首席环境官

是什么促使您从事这一项注重可持续发展的职业呢?

我对可持续包装产生兴趣是在我职业生涯的后半段了,那时我加入了雅诗兰黛旗下的艾凡达(Aveda)品牌,而此前我已经在化妆品行业从事了多年的包装制造与开发工作。

越战时期我是一名海军军官。兵役结束后,我成为了一名机械工程师,之后在制造业找到了一份工作。我在美国的第一份工作是在辉瑞(Pfizer)的子公司科蒂(Coty)工作。我曾做过包装生产线主管,后来又担任过机械主管,负责监督化妆品、护理品和香氛产品从装瓶、整饰到成品,具体包括的产品类别有香水、护肤水、乳液、面霜、唇膏、妆前乳、散粉和粉底,以及促销和展示专用组件。这项工作开启了我在美容行业的职业生涯。

再后来我去了雅芳,在那里我负责护肤、护发以及男士香氛产品的包装开发。之后,我又在雅诗兰黛获得了倩碧(Clinique)品牌包装经理的职位,负责该品牌包装各方面的开发工作。离开雅诗兰黛以后,我去了伊丽莎白·雅顿(Elizabeth Arden),在促销包装开发部门任职。之后我搬到了伦敦,在那里我担任欧洲业务的生产计划和工厂协调总监。

在欧洲待了三年后,我回到了纽约,开始负责全球企业的产品开发、包装工程和印刷生产业务。在伊丽莎白·雅顿被收购后,我去了辛辛那提,做了安德鲁·杰根斯公司(Andrew Jergens Company)的包装开发总监。在工作了两年之后,我又回到了雅诗兰黛,成为了雅诗兰黛负责全球包装开发的副总裁。

七年后,我被邀请加入艾凡达,在那里,我的生活发生了变化——我找到了对可持续包装开发的热情。我曾领导过近乎所有雅诗兰黛品牌的包装开发项目,但我认为能成为雅诗兰黛公司包装部的首席环境官是我职业生涯中最有意义的事。

您是如何在一家如此庞大的消费品公司创造变革的?

我把我们从艾凡达品牌学到的成功经验带给所有的雅诗兰黛旗下的品牌,就这样我们成功地改变了包装的生产方式。我们也是可持续包装联盟的创始人,这使得我们能够向整个包装行业传播我们所学到的东西。将环境期望纳入供应商规范中，与所有利益相关者一起工作，预先考虑供应链问题是我们成功的关键。我们向供应商展示他们之前从未做过的事情，这使得整个行业得以改变。尽管我们迄今取得的成就就好比大头针上的一个点，但我们每年都在不断地进步。

您对未来的可持续发展和包装设计有什么预测吗?

我们将会继续关注停产产品的包装处理问题，并将引导消费者和零售商正确处理包装，所以它们最终并不会进入垃圾填埋场。我们将会继续开发包装回收项目，产品和包装成本将涵盖本项目。此外，本行业还向非政府组织和政府寻求指导方针并建立示范立法，以便公平竞争，使所有利益相关者都能使用相同的标准。

对于那些想在这方面有所作为的人，您有什么建议吗?

可以考虑一下我提出的“三赢”理念——创新、可持续性、降低成本。在开发任何包装时，要首先考虑到环境问题。

- 分配责任及权利

董事总经理

- 全面负责收入、预算、营销、客户服务和日常运营
- 创建并执行业务目标
- 有权管理所有人力资源和项目

首席可持续发展官

- 全面负责领导、管理和协调组织内所有可持续发展计划和决策
- 监督法律合规，主管可持续经营战略、环保、健康和安全问题，以及企业内外利益相关者是否合规

首席创意官(CCO)和首席设计官(CDO)

- 管理客户对设计工作的预期
- 与营销团队积极展开合作
- 协调创意团队
- 制订并呈交战略性设计概念
- 确保质量、控制项目的截止日期和预算成本
- 负责所有可交付的创意工作
- 制订创意简报

这个职位通常要求在业内至少有八年的综合工作经验，其中至少四年是在管理职位上，在设计工作上要有实际操作经验，而且在监管创意团队方面也要有可靠的能力。大中型设计公司可能会有不止一位创意官。在这些企业里，每位设计官都会与各自的设计师团队一起工作。

采访

马库斯·休伊特

卓更创意总监

您认为当今这个行业里有哪些艰巨的挑战？

很多才华横溢的年轻设计师都面临找工作的难题，但对那些收费高的资深设计师来说，处境更为艰难。当前，在我们这行工作的人都面临着许多挑战。设计不再被赋予神奇的力量。设计师需要不断地证明自己，从长远来看，这并不是一件坏事。另外一些普遍的挑战就是时间和预算的限制以及客户的选择和判断。

为大品牌设计时需要考虑哪些因素？

给大品牌做设计既让人激动又令人心烦。随着时间过去，他们往往已经累积了太多的看法，如果能把那么大量的老观念整理好、清理干净，然后焕然一新，这样的做法会非常令人满意。但是这些品牌之所以能成为大品牌的一个原因便是，它们与消费者和零售商有着紧密的联系。就像医学院教你的一样，“医生的首要考虑是切勿伤害病人”或者“首先不要伤害别人”。

另外，了解客户公司的内部结构也是很重要的。为你提供简报的人可能并不是决策者，所以了解他们内部是如何做出决策的也十分重要。

行业趋势是如何影响设计过程的？

我们每年发布一份关于宏观社会趋势的报告。我们在香港、迪拜、伦敦、巴黎、华沙、汉堡和纽约的7个办事处的消费者观察专家通过宏观调研，洞察出因社会发展而致使行业转变的早期迹象。这些行业包括时尚、化妆品、娱乐和建筑，这也反映了政治和社会经济的长期影响。我们利用这些趋势来引发新的思考，并确保策略和设计在未来对消费者适用。这些趋势打破了日常的思维模式，颠覆了人们的传统思维。

在应聘者的作品集中，您最看重什么？

很多人都在谈论寻找绝妙的点子，这当然很重要，但是任何出色的作品集的制作都必须经过深思熟虑。设计师还必须能够解释他们的想法，毕竟，这是一项关于交流的业务。经过四年的设计学校的教育，年轻设计师应该能够马上胜任工作，并且能担起任务。所以我喜欢在作品集中看到9~10个好的作品，而不仅仅是4个。最重要的是，字体排版必须很好，如果我觉得应聘者不懂得字体排版，我可能会说：“祝你好运，谢谢你这次的到来。”

对于刚开始在这行工作的人，您有什么建议吗？

做工作室里最努力的那个人（当然，不要惹人烦），并尽己所能，尽快进入到一流的设计事务所工作。当然，也请睁大眼睛留意：科技的进步让我们随时可以进入一个不可思议的感官世界，我们要好好利用它。

客户服务总监/客户主管

- 代表公司与客户接洽
- 在客户与设计师之间起到桥梁和纽带的作用
- 就工作目标、策略、预算和服务相关的诸多事宜与设计团队和客户进行交流
- 准备营销计划、提案和案例研究
- 展示设计团队的设计能力并提交项目成果
- 管理工作量
- 区分各种业务和营销服务的优先顺序

设计总监

- 协助和支持创意总监
- 了解创意总监、首席设计官的构想
- 明确、指导并负责团队内项目的设计计划和战略方向
- 开发设计细则
- 管理项目目标
- 通过与营销团队和其他跨职能团队的紧密合作与协作，领导设计策略的过程
- 领导、管理和指导设计团队
- 负责设计主导的项目
- 管理与外部供应商的关系
- 负责项目预算
- 运用有效的视觉、书面和口头沟通技巧
- 在跨职能团队中合作
- 管理多个有紧迫时间要求的项目
- 管理好自由设计师、插画师、摄影师、规划师、文案和供应商等人员组成的人际网络
- 使用行业标准软件工作
- 了解设计趋势与文化背景

设计经理

- 管理设计工作室
- 保持材料供应充足
- 确立内部的项目目标
- 分配项目任务
- 保证工作流程运行通畅
- 确定并审查项目进度
- 监督工作成果的质量
- 在设计展示和成品递交中起协调作用
- 作为工作室与外部供应商的联络纽带
- 协调与项目有关的服务和材料分配

生产经理/协调员

- 管理并负责及时向印刷商、供应商交付模型样品和各部分文件，以便及时交付包装
- 使用适当的工具，以适当的项目管理格式创建所有项目
- 安排和召开生产会议
- 与项目负责人就生产进度开发进行交流
- 管理生产过程中的问题
- 作为外部生产供应商的联络人
- 向项目负责人报告任何日程安排问题
- 确保印刷生产项目高质量、高效率、低成本的运转，并保证按时完成
- 确定并管理生产预算和必需的各种资源
- 保持生产进度
- 确立印刷程序和质量标准
- 管理生产软件和工作流程的效用
- 设定好适用于纯色印刷、四色印刷或多色印刷的数字文件
- 解决电子设备问题（例如档案创建和管理）
- 校对和创立有关工作流程和审核的文档

- 批准校样、色彩标准和印刷

高级设计师/资深设计师

- 在计划、创造和生产包装设计的项目中管理总体的创意方向
- 解释设计总监的需求、构想和策略
- 明确客户要求并转化为创意工作细则
- 创造并提交视觉演示稿
- 支持创意工作细则的撰写
- 负责品牌策略和品牌体系结构的诠释
- 根据项目截止日期，对项目进行优先排序与管理，包括整个设计发展过程
- 研究消费者的需求和发展趋势
- 开发设计概念和色彩组合方案，并将各种设计理念转化为有形、可视的商品
- 为创意工作确立概念导向和风格导向
- 领导、协调并监管内部设计师和自由设计师资源
- 在插画师、摄影师、印前供应商、生产供应商、印刷厂、材料供应商和销售商间起到协调作用
- 监督照片拍摄的艺术风格
- 审查并批准印刷校样
- 参与印制过程与印刷检测
- 编写预算支出
- 与公司各工作层面进行互动，以达到有效沟通

设计师/初级设计师/助理设计师

- 为设计团队提供支持
- 执行高级设计师的设计理念
- 研究材料、资源、竞争和市场趋势
- 协助制作提案文稿
- 将新颖和富有创意的点子和想法概念化
- 参与项目规划、创意、绘制设计草图，并将富含创新性的概念设计出来
- 制作演示实物模型
- 协助制订摄影风格与修片
- 协助工作室的组织工作与存档工作
- 熟练操作行业标准设计软件
- 对字体、颜色和排版的细节具有敏感性
- 表现出热情的态度，有很强的时间管理、沟通和组织能力
- 在快节奏的环境中工作
- 支持跨职能团队

独立设计顾问/自由设计师

- 为设计公司提供半永久性或根据实际时间需要的服务
- 制作概念化的战略设计方案
- 可同时负责多项任务，能够区分多项工作的优先次序
- 能够妥善处理时间压力
- 撰写提案
- 制订并达成预算目标

营销经理

- 指导和监管所有的营销活动
- 开发营销策略
- 评估市场营销环境并预测前景
- 推荐有潜力的产品和服务
- 确定项目开发过程
- 开展调研
- 综合有关消费者的各种数据
- 就产品和包装技术等问题征询消费者的意见
- 计划并引导项目的战略方向
- 激励设计团队

采访

查克·卡萨诺(Chuck Casano)

企业家/产品开发师

Twelve Grapes of California, Inc. /Pitaya Plus企业创始人

您是一名企业家,并已经成功推出了自己的品牌。您觉得在创意开发过程中,与包装设计师合作最重要的是什么?

我觉得对设计师来说最重要的有三件事。例如,对于Pitaya Plus来说,我希望设计师能传达出火龙果的图片,展示它的健康价值,以及我们的社会使命。信任是至关重要的。我了解设计师,相信他们会努力工作以传达出我们品牌中最重要的元素。首先要告诉设计师正确的方向,然后要让他们自由地发挥创造力。

您和包装设计师的主要沟通点是什么?

向设计师讲述你的故事。告诉他们你的全部想法,然后让他们用设计去诠释你的想法。你越严格越挑剔,整个设计创意过程就越受影响。

对于设计结果,您得到的反馈如何?

在整个项目中,与创意人员合作是我最喜欢的部分。最终的平面设计做了一些调整,但设计师给我展示的核心概念仍然保留着。我被设计师们的专业精神和努力所折服。品牌战略即使不是一个成功品牌的最重要的部分,也是关键的组成部分。我的期望非常高,但设计师们远超出了我的预期。看着设计师们把我的想法变成现实是一种难以置信的体验。我的包装受到业内所有人的称赞。

品牌经理

- 全面指导特定产品的全盘营销计划
- 制订并执行各种营销策略
- 指导与该品牌相关的广告宣传、包装设计和所有促销活动
- 负责聘请调研公司并组织市场调研
- 提供、规划并管理各项设计任务
- 评估新产品
- 确保该品牌获得成功

消费心理学研究专家

- 将心理学研究应用于消费品领域
- 从购买决策到购物模式，从多方面研究、调查并探索影响消费者观点和反应的各项问题
- 从设计和商业两个角度促进人们对各种营销战略的理解

市场调研专业人员

- 针对委托公司的产品或服务提供与销售潜力和市场条件相关的信息，并为此展开调查活动
- 指导对消费趋势的调查研究
- 探索市场的各种发展状态
- 分析销售数据
- 提供与市场相关的建议

研发专业人员

- 为促进新产品、新加工方法或设计的推进而开展研究项目和研究活动
- 对现有产品、现有加工方法或设计提出改进意见
- 针对市场营销契机对品牌或产品提出改进建议
- 将研究成果转化为实际产品的品类扩展或多样化品种开发

工业设计师/产品设计师/包装工程师

- 运用从创意到工程设计等多方面的专业知识和技能，进而设计并生产出各种模具和包装结构
- 解决问题，进行创新并擅长将人机工学、结构设计、材料和美学吸引力结合在一起
- 与多学科、多职能团队进行合作
- 运用计算机辅助设计（CAD）软件找到设计问题的解决方案
- 确定适当和可利用的包装材料
- 评估加工和生产能力

供应商

- 开发工艺技术
- 加工包装结构和密闭结构
- 加工包装和印刷材料
- 提供包装服务以及包装材料公司（包括：纸张、塑料、玻璃、薄膜和金属）
- 提供从凹凸压花、模切与原型样品制作到模具、转印与印刷的各种服务
- 就包装技术、机械和加工等工作与客户和设计师展开合作
- 确定并沟通生产成本和生产周期

业务管理

包装设计中业务管理工作的基本内容包括制作提案和合同、执行时间管理协议，制订预算，以及管理项目和项目团队。而与客户沟通或许是包装设计公司最为重要的管理技能。

客户沟通

设计公司必须始终与客户保持平等的地位。由于许多客户对创意设计的过程不了解，所以设计团队有责任始终让客户及时充分地获取创意过程的所有信息。只有通过开诚布公、相互尊重和专业化的交流，才能使一项设计最终走向成功，并在设计团队和客户之间建立起长期稳定的合作关系。

项目和客户管理中的挑战包括：

- 决策的知情权
- 寻求同一客源的竞争公司
- 时间管理（例如，花费在撰写提案和招揽新业务上的时间比例）
- 对设计公司的竞争优势进行定义
- 保留高素质的员工队伍
- 与客户保持合作关系并达到客户的期望
- 为设计团队及客户定制并维持各种标准
- 建立“包装设计是一项投资而不是一笔开销”的观点，向客户宣传包装设计的价值
- 让客户理解优秀设计的价值
- 在有限的预算下进行运作
- 维持高效的沟通技巧和提案技巧
- 领先于潮流
- 紧跟科技发展步伐
- 关注可持续发展

战略服务

由于很多设计公司在组织结构、所提供的服务类型以及业务程序方面大同小异，因此一些设计公司开始开发辅助性的客户服务项目，这些具有独特性的项目被称为“专属战略服务”，将有助于这些设计公司向客户展示其独特的竞争优势，使其与对手区分开来。

辅助性战略服务不仅仅只针对消费品包装设计，还包括品牌战略、消费者调研、命名开发、销售点设计、零售专柜设计以及全球战略定位等。这些额外的服务项目使设计公司的业务更加多样化，并使其成为客户的战略顾问。设计公司对这些服务持有所有权，因为这是他们自己独有的成果，且往往为此注册商标来加以证明。

战略服务通过设计过程将设计方案进一步转化为适销性强、客户可理解的目标。

战略服务能够对项目工作进行处理，进而将设计工作转化为一系列便于客户理解也令客户乐于买单的目标。细致且具有说服力的提案尤为重要，否则这些服务的描述可能让客户听起来感觉天花乱坠，客户绝不可能为它们买单。任务的重点在于使客户明白，战略服务可以帮助后续项目建立有效的

框架结构。

辅助性战略服务项目包括：

- 品牌创新
- 名称开发
- 企业形象开发
- 营销策略
- 品牌架构
- 设计前的综合分析
- 包装设计的定量调研
- 焦点小组管理
- 确定战略营销机会
- 平面设计
- 结构设计
- 网站设计
- 零售设计和促销手段

人际关系管理

要管理与设计项目相关的众多角色和责任是十分艰巨的。发展有效的职业人脉网络具有巨大的价值。这些关系最终会维持和提升一个人的职业价值。职业关系是成功工作关系的基础，记住千万不要毁掉任何重要关系。

好的沟通能力和人际交往能力，为人可靠、值得信赖、具有奉献精神、拥有良好声誉、积极性高、拥有专业知识、责任心强、有耐心、精力充沛、有幽默感、真诚待人、对他人的敏感以及领导能力，这些是这个行业每个层次都需要的特质。从推销创意到指导印刷制作，所有这些经历都有助于一个人的职业成功。要始终使用适当的专业礼仪，清晰而直接地沟通信息；努力做一个有魅力、讲诚信、想象力丰富、善于思考、精力充沛、擅长合作、懂得奉献，有热情、有抱负、有激情的设计师。

客户

成功的设计师与客户的关系，就像成功的婚姻一样，是建立在相互信任、相互尊重的基础上的。设计师必须立场坚定、处事灵活。对于从制订预算和计划进度到设计工作本身的每一个决策，设计师都必须进行必要的研究和尽职调查。有效、诚实和透明的沟通是与客户建立成功关系的关键。

客户乐于寻找具有以下特征的设计师：

- 善于研究和提出见解、能为设计的策略提供依据
- 基于市场评估开展设计
- 了解成本和可行性
- 在限定范围内仍能提供优秀创意
- 能在时间限制内完成工作
- 敢于提问

客户还希望设计师：

- 了解设计心理学
- 将创意与策略相结合
- 帮助他们理清头绪
- 了解他们的文化和期望
- 紧跟时下宏观与微观的流行设计趋势
- 阐释购物趋势
- 理解如何在不破坏品牌调性的前提下去

> 客户至上。
>
> ——泰里·戈德斯坦（Terri Goldstein），
> 戈德斯坦集团（Goldstein Group）创始人兼CEO

展开设计工作

- 了解经济发展，善于在不断变化的消费环境中工作
- 具有创造刺激性购物的思维能力
- 理解设计调研与市场调研之间的区别
- 善于发现品牌和产品的特点
- 理解品牌或产品的定位
- 认识到对大部分包装设计来说，最关键的是它们上架那一刻的竞争力
- 了解零售环境的运作方式
- 掌握生产知识
- 富有激情、充满活力、有礼貌，具有合作精神和时间观念

消费者

设计师要永远明白你是在为谁设计。

- 消费者易于对熟悉的东西产生好感，所以创新并不总是包装设计的最佳选择
- 消费者并不总是能对货架上的所有选项进行分类
- 当包装上有太多的内容和信息，消费者会感到不知所措
- 消费者往往倾向于怀旧、舒适、简约或真实的设计表达
- 消费者对自然和环境主题情有独钟
- 消费者善于分析包装设计和产品之间的差异（图5.2至图5.5）

图5.2

图5.3

图5.2
丝芙兰（Sephora）化妆品专卖店，货架上的成功包装设计。

图5.3
丝芙兰货架上的自然哲理（Philosophy）美妆品牌系列产品。

图5.4
威廉姆斯-所罗莫高端零售店环境中的包装设计。

图5.5
威廉姆斯-所罗莫货架特写。这些设计特别吸引消费者。

客户对设计师的期望

以下是客户希望设计师们知晓或具备的知识和技能:

- 编制工作清单
- 制订预算
- 色彩运用
- 消费心理学
- 文化人类学
- 人口统计学
- 设计学
- 金融学
- 排版设计
- 营销学
- 印前工作
- 提案能力
- 印刷知识
- 生产知识
- 撰写报价
- 零售设计
- 结构设计
- 制作工艺
- 字体设计
- 书面和口头表达能力
- 视觉营销

管理人际关系的要素

设计师应做到的:

- 展示具有优势的设计策略
- 客观且不受偏见左右
- 富有洞察力和远见
- 善于解决问题
- 遵循规则程序(策略设计并非即兴)
- 做事精准
- 可提供多项备选方案
- 确保设计方案的可生产性
- 物超所值
- 按时完成任务
- 与供应商合作
- 了解成本和可行性
- 做事认真负责

设计师不应做的:

- 不按时交稿
- 给工作制造障碍
- 抄袭剽窃
- 毁掉合作关系
- 利用社交媒体来发泄工作上的不满

行业入门指南

成功的包装设计师通常毕业于治学严谨、拥有系统设计课程的学校。作为一名新入行的设计师应该已经具备了全面的设计知识,清楚设计开发的整体流程,明白如何设计出人们想要的消费品包装。开发强大的包装设计需要掌握多种多样的技能,以使品牌在零售环境里从其他竞争对手中脱颖而出。因此,对于那些在包装设计的不同领域具有优势的入门级设计师来说,他们是有发展空间的。但是,所有入门级的设计师都应具备上进心,在概念思维、字体排版、视觉传达、色彩运用等方面都要具备扎实的基础,同时还要具有三维设计的能力。

包装设计业务归根结底是为产品和服务创造价值。全球数以百万计的消费品公司为包装设计行业提供了许多就业机会。对于任何一家消费品公司而言，它的内部通常会设有一支设计团队，并且会有附近的设计公司为它提供服务。在美国，有许多在世界500强公司担任设计工作的机会，包括雅芳、高露洁棕榄、雅诗兰黛、伊丽莎白·雅顿、歌帝梵（GODIVA）、费雪（Fisher-Price）、强生公司（Johnson & Johnson）、卡夫、Limited Brands、玛莎·斯图沃特（Martha Stewart）和美泰公司（Mattel）；设计师还可以在以下这些公司的品牌策略和设计部门工作：百时美施贵宝公司、伯顿（Burton）、可口可乐、百事可乐、都乐（Dole）、倍儿乐（Playtex）、宝洁（Procter & Gamble）、玩具反斗城（Toys“R”Us）和联合利华（Unilever）等。

创建个人作品集

一个能充分反映设计师个性设计作品的合集体现了他的创意才能和工作经验。作品集记录了设计师的创意实践与发展，展示了他在设计专业领域的卓越才华以及各项项目成果，印证了他所掌握的最新知识和最高技能。(图5.6至图5.11)。

作品集应该整齐排列设计师最优秀的作品。绝对不要出现那些你认为做得不够好或者不得不为它找借口解释的项目。在学

图5.6至图5.8
选自学生作品集。
设计师：凯瑟琳·汉森（Catherine Hansen）
学校：纽约时装学院（Fashion Institute of Technology）

图5.6

reason49
bikini season
cherry
passionate
17 FL OZ (502.8 ML)
reason56
thunder thighs
reason28
college reunion
berry
reason49
bikini season
图5.7

TOURIST
TEA
图5.8

图5.9至图5.11
取自学生作品集。
设计师: Lea Feng
学校: 纽约时装学院

图5.9

图5.10

图5.11

术项目面试中，作品集可能会被要求包含实物作品展示，而不仅仅是照片或效果图（除非它们的尺寸过大）。对于作品集中呈现的所有作品，应该用高质量的照片或渲染图像来展示。选取10~15件能足以证明你实力的作品。如果作品集可以展示你的创意发展过程和有效的设计方法，会为你加分。当然，别忘了简历也应该包括在内。

作品集检查列表

- □ 作品集中列出的所有项目描述必须清晰、真实，任何非本人独立完成的作品都应加以说明。
- □ 准备作品集内容（包含电子文档）时应提前考虑到潜在的损坏可能，因为作品集常常会经多人之手。
- □ 作品集的构成内容不能含有任何会带来负面影响的材料。
- □ 图片应该以恰当有效的顺序呈现（从哪张图片开始效果最好？应该让面试官最后看到和记住的是哪件作品？）。
- □ 对作品集中的图片和项目目标相关叙述文本要进行仔细校对，确保语法和拼写无误。
- □ 作品集应展示以下内容：
  - 战略思维、概念的发展过程
  - 出色的字体排版设计
  - 体现出愿意尝试更多的新项目、新想法和新的设计方向的品质
  - 使用多种包装材料制成的高质量实物样品
  - 高质量的电子效果图，熟悉不同的文件格式
  - 针对不同的项目类别，能游刃有余地采用不同的设计方法

记住，有关面试的交流沟通，还包括求职信的附函和后续感谢信函或电子邮件。

数字文件vs纸质材料

不同格式的作品展示适用于不同的场合。通常，同时打印制作纸质作品集实物以及电子版本（PDF或高分辨率TIFF）和作品集网站的做法，是比较常见的。

关于作品集形式的注意事项：

- 哪种形式的作品集面试官看着最舒服？
- 如何才能让你的作品集被保留到最后？
- 数字作品集是通过电子邮件发送给对方，还是在个人网站上展示或是需要对方登录到文件传输网站下载的？

应聘与面试技巧

通常作品集面试由设计师个人面试和设计作品集审查两部分组成。作品集面试的目的是展示你的作品和你的专业能力与潜力。对于设计师而言，要避免在作品集中自吹自擂。对面试申请者来说，及时做好准备是至关重要的。在真实的面试到来之前，你可以提前设想一下可能会出现的情境，这有助于你缓解面试时的压力。即使在压力很大的情况下，也要保持乐观和积极的心态。

面试官通常都显得很匆忙，因为他们是在百忙之中抽出时间来做这个面试。所以，别把这个放在心上，这可能并不是针对你的态度和看法。

潜在的面试问题以及处理这些问题的技巧：

- 你如何评价自己？别人怎么评价你？
- 你为什么想到这家公司工作？
- 做好调查：尽可能了解你的潜在雇主。
- 你为什么要从一家公司跳槽到另一家？
- 对于你为什么要找一个新职位这一问题，一定要做出一个积极的回答。
- 你想要的成就和兴趣是什么？
- 在作品集中，哪些作品最能展现你的设计才能？
- 是什么原因促使你的这些设计作品如此成功？
- 从事这份工作，你具备了哪些技术和技能？

最后要牢记：你只是众多应聘者中的一个。你必须要想尽办法脱颖而出，展示出你的附加价值，显示出相对于竞争对手的优势。

术语表

酸蚀(acid etching)：一种玻璃蒙砂工艺，将氢氟酸涂于玻璃表面，使其溶解，进而在玻璃上创造出装饰图案的过程。

条款协议(agreement of terms)：由双方或多方签署的、描述一种商业关系，包括步骤程序、时间表及各种费用的法律文书。

对齐(alignment)：按照逻辑分组的方式排列各种视觉元素，以便创造出画面的和谐感，并为信息按照逻辑顺序的流动提供支持。

食欲诱惑(appetite appeal)：一种通过画面诉诸人们的各种感官，从而引起其注意并使其产生食欲的视觉传达方式。

陶瓷贴标法(applied ceramic labeling，简称ACL)：一种通过丝网印刷的方式将陶瓷粉末与热塑性化学物质(加热后即成为印墨)的混合物，施涂于玻璃容器表面的工艺。

阻隔材料(barrier material)：保护产品从而使其免受氧气、蒸汽以及潮湿、气味、静电等侵害或者防止异物颗粒侵入的包装材料层。

广告牌效应(bill boarding)：一种营造货架效果的视觉传达方式，即把同一品牌的各种产品汇聚在一起，利用其各个独立产品的包装设计，营造出效果强烈的“广告墙”。

生物塑料(bioplastic)：由玉米、土豆、大豆或其他可降解、可堆肥的可再生作物制成的塑料。

泡罩式包装(blister pack)：一种真空成形的蛤壳式塑料包装，这种包装贴合产品外形，便于对产品进行检测和观察。

头脑风暴(brainstorming)：集思广益提出不计其数的想法、主意、概念和构思，以此激发出各种新概念和新思路的思维工具。

品牌(brand)：代表产品、服务、人员和地点的所有权名称和标志。

品牌资产(brand equity)：品牌独特特性的宝贵资产，并且在品牌前进的过程中得以被保持。

品牌演化(brand evolution)：随着时间推移，品牌成长和发展的过程。

品牌延伸(brand extension)：添加一组与品牌中其他产品具有相同核心价值的产品。

品牌形象(brand identity)：消费者对品牌产品的总体感知，其中可包括所有的视觉元素、包装结构、广告宣传，等等。

品牌忠诚度(brand loyalty)：消费者对特定品牌的热爱。

品牌商标(brand mark)：为产品识别而指定的一种符号象征。

品牌名称(brand name)：为了产品识别而指定的文字称号。

品牌承诺(brand promise)：公司对于产品质量稳定性的保证。

CAD：见术语“电脑辅助设计”说明。

纸筒(canister)：一种由纸板制成的螺旋

卷进式圆柱包装结构，其重量和高度因具体加工情况而定。

品类分析（category analysis）：针对一个产品种类而开展的广泛调查，以便了解其优缺点及其在竞争中的总体效果。

渠道（channel）：作为商品或服务的一种分销方式，直到其到达消费者手中的连锁企业。

蛤壳式结构（clamshell）：一种围绕产品模制的透明塑料、热成形、铰接结构，使得包装的所有侧面都可以被看到。

闭合结构（closure）：封闭整个产品包装的结构组成部分。

CMYK：一种用于印刷工艺的、将所有颜色都分解为青、品红、黄和黑四种颜色不同百分比组成的色彩模型。

色彩管理（color management）：确保整个设计过程中色彩的构成及使用稳定一致。

实物模型（comprehensives）：简称comps，指通过三维立体模型或样本形式实际展示的设计方案，以此为基础确定最终投入生产的设计方案。

电脑辅助设计（computer-aided design，**简称**CAD）：利用计算机系统和三维软件在二维空间中以技术图纸的形式创建设计模型。

概念（concept）：设计的主要思想。概念将直观地传达出设计策略。

概念展示板（concept board）：对于可传达一项设计工作中的理念、形象效果和个性特征的视觉元素的展示。

保密协议（confidentiality agreement）：一份由个人签署的、同意不泄露所有专有业务活动的合同文件。

版权（copyright）：自原创的文学、音乐、美术、雕塑和建筑作品问世起，就生效的一种法律保护形式，用于保护作品所有者在复制、演奏、展示和发行该作品方面的权利。

瓦楞纸板（corrugated board）：由单层、双层或三层瓦楞纸（波浪形芯纸夹层）组成的纸板材料，广泛用于运输纸箱。

伪造（counterfeiting）：为了欺骗的目的而进行仿造或仿制。

电脑制版（computer to plate，**简称**CTP）：生产术语，指印刷人员直接从数码文件制作出印版的工艺过程。

从摇篮到摇篮（cradle-to-cradle）：可持续产品和包装的生命周期评估模型。这个过程开始于收集原材料或回收材料来创建产品，结束于这些材料被重复使用或回收，有时用于制造相同的产品或包装。

从摇篮到坟墓（cradle-to-grave）：对于许多产品和包装的生命周期从提取原材料用于产品加工开始，到所有材料回归自然为止的整个过程进行评估的一种模型。

压凹（debossing）：在纸板、皮革、金属等材料的表面压印图案。

设计议案（design proposal）：描述将会如何实施一个设计项目的文件，定义实施方法并确定设计过程中各阶段的交付项。

设计标准（design standard）：确定容许的误差范围，并确保在所有宣传媒介中对各种设计元素的使用保持一致。

印模（die）：用于修剪、切割或压印出零部件或空白部分形状的结构样式。

模切（die cut）：使用模具所产生的形状;它

可以是包装的展开轮廓，比如折叠盒，或者包装中的开窗形状。

数码印刷（digital printing）：在不使用传统印刷制版的情况下，将数码文件直接输出到各种媒体上，消除有毒溶剂，避免过程中所有的中间步骤。喷墨和激光技术被应用于大型的高端打印机，提供按需印刷服务。

数字化工作流程（digital work flow）：在整个设计过程中运用数码科技。

防尘翼（dust flap）：从侧面板延伸出来的结构，分别位于顶面板和底面板里侧、用于保护折叠纸盒内盛物的翼盖。

资产（equity）：用于品牌规划和包装设计中的术语，指有助于在消费者心目中确立某个品牌地位的视觉元素。

击凸（embossing）：将纸板或其他包装材料通过凹凸两种印版，从而在该材料表面创造出浮雕式或称浮凸状图案的方法。

延伸生产者责任制（extended producer responsibility，**简称EPR**）：一种环境保护方法，将产品或包装对环境的影响(以及整个生命周期)的责任分配给设计师、供应商、制造商、分销商、零售商、消费者、回收商和处理商，由他们共同承担全部或部分的回收成本(收集、回收和最终处理)。

凹版雕刻（engraving）：将设计好的图案刻制在凹版印刷中承载印墨的硬质印版表面。

环境因素（environmental factor）：在考虑为确保产品安全所需的包装物种类或数量时兼顾到产品被使用或消费后所可能造成的废弃物数量，并在两者间权衡利弊。

EPS文件格式 (encapsulated PostScript)：一种可以同时演示矢量图和点阵图/位图的文件保存格式，许多绘图软件和排版软件都支持这种格式。

迭代设计（evolutionary design）：包装设计术语，指为更新一件设计作品的外观而进行的，不使视觉传达的总体效果发生显著变化的小范围改进。

电子购物/网上零售（etail）：互联网上进行的零售业务。

纯食品和药品法（Federal Food and Drugs Act）：于1906年通过，禁止商家们使用虚假或易造成误解的产品标签，这就是最早对包装设计实施管理的法律规定之一。

美国联邦贸易委员会（Federal Trade Commission，**简称FTC**）：成立于1914年的美国政府机构，主要负责防止企业在商业活动中采用不正当的竞争手段。如今该机构有权采取各种贸易规定，以便监管各行业中的不正当竞争行为。

软性包装（flexible packaging）：适用于多种产品的非硬质包装形式，如包装袋、套筒和包装膜。

柔版印刷（flexography，**简称flexo**）：一种采用柔软的橡胶或塑料印版进行印刷的工艺，而且印版上也制有凸出的图像区域，这点与凸版印刷相似。

瓦楞槽（flute）：瓦楞纸板的结构元素，用以增强该种材料的强度。

折叠纸盒（folding carton）：以纸板或瓦楞纸板为原材料，经压印、划痕、折叠、插片锁合或胶封等工序制作而成的纸盒包装结构。

美国食品和药物管理局（Food and Drug Administration，**简称FDA**）：美国卫生与公众服务部的一个机构，通过确保人类和兽医药物、疫苗和其他生物产品、医疗器械、美国食品供应、化妆品、膳食补充剂以及辐射产品的安全性、有效性和安全保障来保护公众健康。

长网纸板机（fourdrinier machine）：一种纸板制造机。

胶合片（glue flap）：折叠纸盒的结构组件之一，用于将一块纸板固定在另一块纸板上。

“漂绿”（green washing）：一种欺骗性、操纵性的市场营销行为，误导消费者以促进公司的产品、服务销售为目的的虚假环保宣传。

灵感板（inspiration board）：由一组借鉴和参考材料拼贴而成的画面，用视觉的方式阐述设计灵感的来源。时尚、摄影、设计、艺术、旅行、室内设计、食品图像、色块、目标消费者照片、插画和版面风格等都可以是拼贴画面的组成部分。灵感板也被称为概念板、情绪板或图像板。

生命周期评估（life-cycle assessment）：用于评估与产品、过程或活动相关的环境负担的一种程序。

平版印刷（lithography）：一种印刷工艺，在印制过程中，将制有图像的印版施涂油墨，然后将承印物压贴在着墨的印版上从而完成印制。

标志（logo）：符号、字体排版(标准字体)、图标、平面设计或上述的组合用以代表公司、产品或商品名称。

规定性文稿（mandatory copy）：法律规定在包装设计中所必须包含的文稿信息。

市场营销（marketing）：是对概念、产品及服务进行构思、开发、定价、安排、促销及分配的计划和实施过程，从而实现交换、满足个人和组织的各种目标。

市场调研简报（marketing brief）：对产品或品牌的销售策略和发展目标作出说明的报告。

净重说明（net weight statement，**或称** net quantity of contents，**即净含量说明**）：标签上有关该容器或包装物内产品数量的信息说明。

营养成分表（nutrition labeling）：包装设计中说明该产品营养价值的文稿信息。

胶版印刷（offset lithography）：一种将着墨的图像“转移”到橡皮布滚筒上，然后再由橡皮布滚筒将图像转印到承印物表面的印刷工艺，在此过程中承印物表面不会直接接触印版。

包装物（package）：指实际包装本身，如纸箱、容器或包装纸等。

包装分析（package analysis）：针对包装的基本功能和附加功能所进行的一项广泛调查，其中包括可靠性、使用便携性（如何打开，用后如何处理）、各种材料的最佳使用方法、货架空间的利用以及该结构在人体工程学上的优点等。

包装（packaging）：包装或装饰一件或一组物品的行为。

彩通配色系统（Pantone Matching System，**简称PMS**）：创意设计行业通用的、作为配色过程参考标准的知名颜色系统。

纸板（paperboard）：由圆网或长网造纸机生产出的纸材的通称。

专利（patent）：对发明进行法律保护的一种方式，可取得专利保护的发明包括新颖独特的产品、工艺或商业方法等。

PDF文件格式（portable document format，**直译：可携式文件格式**）：一种既可显示矢量元素，又可显示位图元素的文件保存格式。

货架陈列图（planogram）：品牌方为零售商提供的产品在货架中的首选放置图示。

塑料（plastics）：源于拉丁语Plasticus和希腊语Plasitkos，意思是"形成""塑造"或"成形"：塑料是一种由一系列从石油化工产品中提取的有机聚合物制成，被广泛应用于各种包装结构形态的材料。

板层（ply）：指造纸机上形成的纸板层。

POP展柜（point of purchase）：收银台附近用于促销商品的产品展柜设计。

销售点（point of sale）：发生购买交易的位置。

定位（positioning）：

a.在同一视觉画面内对各种元素相对位置的设计安排；

b.该术语也常指零售领域内产品的定位和排名；

c.目标消费者如何感知产品的品牌身份。

印前检查（preflight）：对可输出数码文件的最后审查，以便核实这份文件已可交付印刷。

印前准备（prepress）：为印刷准备可输出文件和各种材料的过程。

主要展示面（principal or primary display panel，**即PDP**）：在正常的零售条件下，包装最可能被展示、呈现、露出或审视的外表面，通常指包装的正面。

印刷标准（printing standards）：用于确定首批印刷中可接受的颜色偏差范围的标准。

自有标签（private label）：某一特定零售商独有的标签，如一个品牌商店。

产品说明（product descriptor）：包装设计上说明内含产品内容的文稿信息。

校样（proof）：在印刷过程中的试印件，用于确定包装设计是否需要修正。

专属设计（proprietary）：产品制造商独家拥有的专有设计特色，它往往有助于提升品牌的独特视觉形象。

原型样品（prototype）：为评估设计概念和帮助设计概念转化而创建的样本或模型。

注册外观设计（registered design）：保护产品包装的外观或其设计的一种手段。注册内容可以是一种形状、装饰方法、图像处理（表现手法、纹理、角色造型）或构造。

套准（registration）：在多色套印时任意两色图像位置重合的准确度。印刷中的套准定位指通过控制每个颜色的印版，使印刷图案的各部分准确地印刷在承印物区域。

重新定位（repositioning）：一种营销策略，重点在于改变产品现有的形象，或在竞争环境下改变消费者心目中的品牌形象。

塑料回收标志码（resin identification codes，**简称RIC**）：用于识别聚合物类型并在回收过程中便于分离的不同塑料的数值编码系统。

零售设计（retail design）：零售环境中所有元素的设计，从外部（店面、标志和招牌）到内部（家具、展示、照明、销售点平面和装饰）。

易零售包装（retail-ready）：对交付到零售商手中，可以立即用于展示和销售产品的包装结构的描述。

反插式纸盒（reverse tuck）：一种折叠纸盒，顶盖压翼与底板压翼的打开方向正好交替，即顶盖压翼从前向后开启，而底板压翼则从后向前开启。

革命性创新（revolutionary）：在包装设计中，指对现有包装设计的革命性突破创新，彻底改变了原有包装的整体视觉形象。

无线射频识别（radio frequency identification device，简称RFID）：一种可以存储数据的无线通信技术，用于接收各种无线电信号并发出回应。

招标书（request for proposal，简称RFP）：客户向各家设计公司发出的提案邀请，希望这些设计公司能够为某一设计项目进行投标，认真开展相关研究并制订出具体的工作计划。

RGB：一种加色模型，通过红色、绿色和蓝色的光以不同的百分比叠加到一起而产生一系列的颜色；它是一种依赖于设备的颜色模型，正如我们在电脑屏幕、智能手机等设备上看到的那样。

渲染性文案（romance copy）：在包装设计中，热情洋溢地介绍某产品各种益处的文稿。

轮转凹版印刷（rotogravure）：一种高速凹版印刷工艺，采用轮转印刷机和宽幅卷筒纸或其他材料，而不是单张纸。

划痕（score）：沿着纸盒模切线的折痕，表示需要折叠的区域。

丝网印刷（screen printing）：一种印刷工艺，是指在木质或金属框架上固定一张由精细网眼材料制成的网屏，并通过感光制版方法在一个不可渗透的筛板上制作出图案，使印墨透过筛板，将图案转印到承印物上。

裱糊盒（set-up box）：一种结构固定的纸板盒，上面通常覆盖有装饰性的纸张、织物或其他材料，用于包装奢侈品和高级礼品产品(珠宝、酒类、糖果)。

易购性（shopability）：创造消费者易于接近和选择产品的条件。

锁合插片（slit lock）：折叠纸盒上的一些插片，可插入顶部防尘翼的缝隙中以实现包装结构的闭锁。

单浆漂白硫酸盐纸（solid bleach sulfate，简称SBS）：由漂白后的单层木材原浆纤维制成的一种纸板包装材料。

专色（spot color）：一种印刷术语，指任何一种单一配制的颜色。

定点上光（spot varnish）：一种只在印刷表面的特定区域覆盖上光油的印刷效果。

包装素材库（stock packaging）：用于常规包装生产制造的结构和材料的素材资源，不具有专属性，任何人都可以轻松获得。

库存单位（stock-keeping unit，简称SKU）：一种特殊产品的数字标识符，用可扫描的条形码表示，便于跟踪存货，并用于标志零售中销售的每一种产品。

直插式纸盒（straight tuck）：一种折叠纸盒，顶盖压翼与底板压翼的打开方向相同，且上下压翼通常都为从后向前开启。

子品牌（sub-brand）：隶属于家族品牌中的品牌。

可持续性（sustainability）：人类与自然和谐共处的条件，能够满足今世后代的社会、经济和环境要求。

借鉴资料（swipe）：为某项特定设计任务而收集的视觉参考资料，用于激发设计灵感和传达该产品或该品牌的视觉要素。

目标市场（target market）：销售产品或服务的消费者群体。

3“R”（reduce, reuse and recycle, **即减量化、再利用、再循环**）：表达对环境价值态度的易记口号，长期用于促进减少生产和消费，提高对废弃物品管理问题的意识。

缩略草图（thumbnail）：迅速在纸上勾勒出的草稿，是开发初步创意想法、标志设计概念和版式布局的一种方法。

TIFF**文件格式**（tagged image file format, **直译：标签图像文件格式**）：一种位图格式，用于各种应用程序之间图像的交替使用，可放在几乎所有的图像程序和布局设计程序中，常用于图像的存储。

触点（touchpoint）：在包装设计中，被消费者认为是特定品牌不可或缺的元素。

商业机密（trade secret）：不可向同行业竞争者们透露的保密性质的业务内容。

商标（trademark）：商业领域内用于区分各种产品或服务的品牌名称、标志、形状、颜色和符号，或者上述元素的任何组合形式。

条形码（universal product code, **简称**UPC）：电子扫描产品时用于鉴定产品及其生产商的条纹图案。

美国农业部（United States Department of Agriculture, **简称**USDA）：美国的一个政府机构，基于健全的公共政策，采用科学有效的方法对食品、农业、自然资源及相关问题上提供领导和管理。

增值（value-added）：为消费者提供额外利益的包装设计。

标签（violator）：通常位于包装设计中其他图形元素之上，其用途就是使消费者注意到或者向公众宣布该产品或者该包装的某一特色卖点。

视觉设计简报（visual design brief）：一份运用借鉴资料和视觉参考材料创建的拼贴文件，用于诠释市场营销的总体视觉特征和传达特定的设计方向，并含有书面设计简述。

视觉层次结构（visual hierarchy）：是指按设计信息传达的主次关系或它们被浏览、阅读时的顺序，而对各种设计元素依次进行布局。

废弃物管理（waste management）：针对家居垃圾以及各类工业和加工程序制造出的具有危害性的固体废料而进行的管理。

附录A

消费品类别

饮料

- 瓶装水
- 乳制品
- 果汁
- 进口饮料
- 软饮料
  - 碳酸饮料
  - 非碳酸饮料（不含气饮料）
- 运动型饮料/能量饮料
- 茶饮料
- 自动贩卖机中的饮料
- 健康饮料/营养补充饮料
- 葡萄酒/烈酒/啤酒

糖果/甜点

化学产品/工业产品

电子产品/技术产品

娱乐类产品

食物

- 烘烤食品
- 乳制产品
- 新鲜食品
- 冷冻食品
- 水果/蔬菜/果蔬
- 谷物/小米/麦片
- 国际性食品
- 预制食品
- 冷藏食品
- 零食

五金产品

健康与美容产品/个人护理产品

- 沐浴用品
- 化妆品
- 除臭剂
- 香水
- 护发产品
- 护肤产品
  - 面部护理产品
  - 手部/全身护理产品

皂
SPA用品
特效产品
防晒产品

家庭用品
清洁剂
洗衣液/柔软剂
纸类产品
肥皂

家用器皿/家居用品
饰品
沐浴用品
床上用品
家庭办公类产品
厨房用品
存储用品
窗户

工业产品/汽车用品

园艺用品

奢侈品

非零售类/机构类产品

小商品

办公用品

宠物护理用品
宠物食品
宠物饰品

制药/医疗产品
FDA（美国食品和药品管理局规定药品）/处方药
草药类产品
OTC（非处方类药）
维他命/减肥药/膳食补充剂

自由品牌商品

体育用品

玩具/游戏类产品/教育类产品

附录B

材料与工具

以下列出的是用于制作包装设计模型的工作室基础配备清单：

- ☐ 黏性胶带［尺寸有0.5英寸（1.27厘米）宽度、1英寸（2.54厘米）宽度和4英寸（10.16厘米）宽度］
- ☐ 硬纸板、卡纸，两层或三层光泽纸板。
- ☐ 圆轨刀
- ☐ 含有Adobe CS软件的电脑
- ☐ 设计参考书籍和杂志
- ☐ 设计记号笔
- ☐ 双面胶（如Twin Tack或Cello-Mount）
- ☐ 优质打印纸
- ☐ 厚克重装订纸［14英寸×17英寸（35.56厘米×43.18厘米）］
- ☐ 轻质描图纸［14英寸×17英寸（35.56厘米×43.18厘米）］
- ☐ 大块切割板
- ☐ 金属丁字尺
- ☐ 回形针
- ☐ 百乐（Pilot）Razor Point记号笔
- ☐ 塑料三角尺
- ☐ 大头钉（不是图钉）
- ☐ 砂皮纸（用于磨光圆边）
- ☐ 标尺，用于标记英寸、毫米
- ☐ 速写本
- ☐ 存储设备（移动硬盘或U盘），用于传输数字文件
- ☐ 用于品牌命名研究的辞典
- ☐ 美纹纸［0.75英寸（1.91厘米）］
- ☐ 美工刀
- ☐ 用英寸标记的24英寸（60.96厘米）钢尺

参考书目

Albers, Josef. *Interaction of Color.* Rev. ed. New Haven: Yale University Press, 2006.

Angeli, Primo. *Making People Respond: Design for Marketing and Communication.* New York: Watson-Guptill, 1997.

Baumann, Henrikke, and Anne-Marie Tillman. *The Hitchhiker's Guide to LCA.* Lund, Sweden: Studentlitteratur, 2004.

Bouchoux, Deborah E. *Protecting Your Company's Intellectual Property: A Practical Guide to Trademarks, Copyrights, Patents & Trade Secrets.* New York: AMACOM/American Management Association, 2001.

Bringhurst, Robert. *The Elements of Typographic Style.* Port Roberts, WA: Hartley & Marks, 2004.

Brody, Aaron L., and Kenneth S. Marsh. *The Wiley Encyclopedia of Packaging Technology.* Hoboken, NJ: John Wiley & Sons, 1997.

Cirker, Blanche, ed. *1,800 Woodcuts by Thomas Bewick and His School.* New York: Dover, 1962.

DePaul, Richard. *Ideas and Innovation.* 2nd ed. Springfield, MA: Paperboard Packaging Council, 2004.

Fehrman, Kenneth R., and Cherie Fehrman. *Color: The Secret Influence.* Upper Saddle River, NJ: Prentice Hall, 2000.

FDA. "Food." *Labeling & Nutrition.* Web. 19 May 2012. <http://www.fda.gov>

Gill, Eric. *An Essay on Typography.* Boston: David R. Godine, 1993.

Gladwell, Malcolm. *Blink: The Power of Thinking Without Thinking.* New York: Little, Brown, 2005.

——. *The Tipping Point.* New York: Back Bay Books, 2002.

Gobe, Marc. *Brandjam: Humanizing Brands Through Emotional Intelligence.* New York: Allworth Press. 2006.

——. *Emotional Branding.* New York: Allworth Press. 2010.

Heath, Chip. *Made to Stick.* New York: Random House. 2007.

Humphries, Nicholas. Pp. 95–98 in *Colour for Architecture,* ed. Tom Porter and Byron Mikellides. London: Studio-Vista, 1976.

Jedlicka, Wendy. *Packaging Sustainability: Tools, Systems, and Strategies for Innovative Package Design.* Hoboken, NJ: John Wiley & Sons, 2009.

Kelley, Tom. *The Art of Innovation.* New York: Doubleday. Broadway Books. 2001.

Lupton, Ellen. *Thinking with Type: A Critical Guide for Designers, Writers, Editors, & Students.* 2nd rev. ed. New York: Princeton Architectural Press, 2010.

McDonough, William, and Braungart, Michael. *Cradle to Cradle.* New York: North Point Press, 2002.

Meyers, Herbert M., and Richard Gerstman. *The Visionary Package.* Houndsvilles, Hampshire, UK: Palgrave Macmillan, 2005.

Meyers, Herbert M., and Murray J. Lubliner. *The Marketer's Guide To Successful Packaging.* New York: McGraw-Hill, 1998.

Miller, Elizabeth G., and Barbara E. Kahn, "Shades of Meaning: The Effect of Color and Flavor Names on Consumer Choice," *Journal of Consumer Research* 32, no. 1 (2005): 86–92.

Mollerup, Per. *Marks of Excellence: The History and Taxonomy of Trademarks.* London: Phaidon Press, 1999.

Neumeier, Marty. *The Brand Gap: How to Bridge the Distance between Business Strategy and Design.* Berkeley, CA: New Riders, 2003.

Papanek, Victor. *The Green Imperative: Ecology and Ethics in Design and Architecture.* New York: Thames and Hudson, 1995.

Pink, Daniel. *Drive: The Surprising Truth About What Motivates Us.* Reprint. New York: Riverhead Trade, 2011.

Poynor, Rick, and Edward Booth-Clibborn. *Typography Now: The Next Wave.* 9th ed. London: Booth-Clibborn Editions, 2000.

Pulos, Arthur J. *The American Design Adventure 1940–1975.* Cambridge, MA: MIT Press, 1988.

Society of the Plastics Industry of Canada. *The World of Plastics.* Ontario, Canada: Society of the Plastics Industry of Canada, 1990.

Sosino, Steven George. *Packaging Design: Graphics, Materials, Technology.* New York: Van Nostrand Reinhold, 1990.

Spencer, Herbert, with Rick Poyner. *Pioneers of Modern Typography.* Rev. ed. Cambridge, MA: MIT Press, 2004.

Spiekermann, Erik, and E. M Ginger. *Stop Stealing Sheep & Find Out How Type Works.* 2nd ed. Berkeley, CA: Adobe Press, 2002.

Strasser, Susan. *Waste and Want: A Social History of Trash.* New York: Henry Holt, 1999.

Tschichold, Jan. *The New Typography: A Handbook for Modern Designers* 1928. Translated by Ruari McLean, with an introduction by Robin Kinross. Berkley: University of California Press, 1998.

Underhill, Paco. *Why We Buy: The Science of Shopping.* Rev. ed. New York: Simon & Schuster, 2009.

VanHurley, Vickie. "Social Packaging Design: Building Strong Shelf Impact and Better Relationships." *Thedieline,* August 2010. (http://www.thedieline.com/blog/2010/8/3/social-packaging-design-building-strong-shelf-impact-and-bet.html)

Young, Scott. *Winning At Retail.* Skokie, IL: In Store Marketing Institute, 2010.

Wheeler, Alina. *Designing Brand Identity: An Essential Guide for the Whole Branding Team.* 3rd ed. Hoboken, NJ: John Wiley & Sons, 2009.

Wong, Wucius. *Principles of Color Design.* New York: John Wiley & Sons, 1997.

World Commission on Environment and Development. *Our Common Future.* New York: Oxford University Press. 1987.

Wybenga, George. *The Packaging Designer's Book of Patterns.* 3rd ed. Hoboken, NJ: John Wiley & Sons, 2006.

专业资料来源

以下列出的个人、设计公司及其他企业为本书提供了图像和各种案例研究。

Absolut
www.absolut.com

Addis Creson
www.addis.com

Ahlman, Carson
www.carsonahlmandesign.com

American Package Museum
www.packagemuseum.com

Amore
www.amore.se

Ancient Touch
www.ancienttouch.com

Anthem!
www.anthemww.com

Asprey Creative
www.aspreycreative.com.au

Baker
www.bkrdsn.com

Blue Marlin
www.bluemarlinbd.com

Chin, Andrew
www.joximoxi.com

Creed
www.creed-design.com

Crown Holdings Inc.
www.crowncork.com

Delfausse, John A.
Sustainable Packaging Solutions LLC

Design & Source Productions
www.design-and-source.com

Dossier Creative
www.dossiercreative.com

Dragon Rouge
www.dragonrouge.com

Elmwood
www.elmwood.com

Emily Dolson Design
www.emilydolson.com

Feng, Lea
www.leafeng.com

The Goldstein Group
www.thegoldsteingroup.net

Hansen, Catherine

help Remedies
www.helpineedhelp.com

Heuberger, William
www.williamheuberger.com

Interbrand
www.interbrand.com

Korefe
www.korefe.de/en

Library of Congress
www.loc.gov
Prints & Photographs Division
www.loc.gov/library

Little Big Brands
www.littlebigbrands.com

Monday Collective
www.mondaycollective.com

Moxie Sozo
www.moxiesozo.com

NatureWorks LLC
www.natureworksllc.com

Perception Research Services International
www.prsresearch.com

Phase 4 Creative
www.phase4creative.com

Rezny, Aaron
www.rezny.com

Sustainable Package Coalition
www.sustainablepackaging.org

Smith Design
www.smithdesign.com

Spring Design Partners
www.springdesignpartners.com

Tirso Olivares Design
www.coroflot.com/tirsoolivares

T.D.G. Vertriebs GmbH & Co. KG
www.stop-the-water-while-using-me.com

united*
www.uniteddsn.com

Wallace Church
www.wallacechurch.com

Zack Group
www.zackgroup.com

图片资料来源

第1章

图1.1 Ancient Touch, www.ancienttouch.com.

图1.2 Miscellaneous Items in High Demand Collection, Library of Congress, Prints & Photographs Division, LC-USZ62-127986.

图1.5 Fine Prints: Japanese pre-1915 Collection, Library of Congress, Prints &Photographs Division, LC-USZC4-6365.

图1.6 Miscellaneous Items in High Demand Collection, Library of Congress, Prints & Photographs Division, LC-USZ62-65195.

图1.7 Miscellaneous Items in High Demand Collection, Library of Congress Prints & Photographs Division, LC-USZ62-125163.

图1.8 Miscellaneous Items in High Demand Collection, Library of Congress Prints & Photographs Division, LC-USZ62-24797.

图1.9 Miscellaneous Items in High Demand Collection, Library of Congress, Prints & Photographs Division, LC-USZ62-47344.

图1.10 Blanche Cirker, ed., 1,800 Woodcuts by Thomas Bewick and His School (New York: Dover, 1969).

图1.11 Miscellaneous Items in High Demand Collection, Library of Congress Prints & Photographs Division, LC-USZ62-58079.

图1.14 Grabill Collection, Library of Congress, Prints and Photographs Division, LC-USZ62-37990.

图1.15 Photo by Ian House, The American Package Museum, www.packagemuseum.com.

图1.17 Miscellaneous Items in High Demand Collection, Library of Congress, Prints and Photographs Division, LC-USZ62-75992.

图1.18 Photo by Ian House, The American Package Museum, www.packagemuseum.com.

图1.19 National Photo Company Collection, Library of Congress Prints & Photographs Division,LC-DIG-npcc-30920.

图1.20 Miscellaneous Items in High Demand Collection, Library of Congress Prints & Photographs Division, LC-USZ62-55350.

图1.21 Miscellaneous Items in High Demand Collection, Library of Congress Prints & Photographs Division, LC-USZ62-63815.

图1.24 Photo by Ian House, The American Package Museum, www.packagemuseum.com.

图1.25 Detroit Publishing Company Collection, Library of Congress Prints & Photographs Division, LC-D41-17.

图1.26 Detroit Publishing Company Collection,Library of Congress Prints &

Photographs Division, LC-D401-71269.

图1.27 Miscellaneous Items in High Demand Collection, Library of Congress Prints & Photographs Division, LC-USZ62-94679.

图1.28 National Photo Company Collection, Library of Congress Prints & Photographs Division,LC-USZ62-99318.

图1.30 Miscellaneous Items in High Demand Collection, Library of Congress Prints & Photographs Division, LC-USZ62-119810.

图1.31 Library of Congress Prints & Photographs Division, LC-DIG-ppmsca-09472.

图1.32 Farm Security Administration/ Office of War Information Black-and-White Negatives Collection, Library of Congress Prints & Photographs Division, LC-USF34-035045-D.

图1.33 Harris & Ewing Collection, Library of Congress Prints & Photographs Division, LC-DIG-hec-26671.

图1.35 Gottscho-Schleisner Collection, Library of Congress Prints & Photographs Division, LC-G613- 58336.

图1.41 Gottscho-Schleisner Collection, Library of Congress Prints & Photographs Division, LC-G613-T-61194.

第2章

图2.6 Courtesy the Goldstein Group, www.thegoldsteingroup.net/.

图2.9 Courtesy Little Big Brands/Fleet Laboratories, www.littlebigbrands.com.

图2.18 Courtesy Anthem!, www.anthemww.com.

图2.26 Under permission of V&S Vin & Spirit AB (publ). ABSOLUT® Vodka. Absolut Country of Sweden Vodka & Logo, Absolut, Absolute Bottle Design and Absolut calligraphy are trademarks owned by V&S Vin Spirit AB (publ). ©2005 V&S Vin & Spirit AB (publ).

第3章

图3.47 Courtesy of Elmwood, Leeds/ Debbie & Andrew's, www.elmwood.com.

图3.91 T.D.G. Vertriebs GmbH & Co. KG.

图3.94、图3.95、图3.96 George L. Wybenga. The Packaging Designer's Book of Patterns

(Hoboken: John Wiley & Sons, 2003). Used by permission of John Wiley & Sons.